너무 재밌어서
잠 못 드는
지구의 과학

너무 재밌어서
잠 못 드는
지구의 과학

초판 1쇄 발행 2018년 4월 20일
초판 5쇄 발행 2020년 3월 16일

지은이 신규진

펴낸이 이상순 **주간** 서인찬 **편집장** 박윤주 **제작이사** 이상광
기획편집 박월, 김한솔, 최은정, 이주미, 이세원 **디자인** 유영준, 이민정
마케팅홍보 이병구, 신희용, 김경민 **경영지원** 고은정

펴낸곳 (주)도서출판 아름다운사람들
주소 (10881) 경기도 파주시 회동길 103
대표전화 031-8074-0082 **팩스** 031-955-1083
이메일 books777@naver.com
홈페이지 www.books114.net

생각의길은 (주)도서출판 아름다운사람들의 교양 브랜드입니다.

ISBN 978-89-6513-494-7 03450

지구에 숨어 있는 22가지 신비한 과학 이야기

너무 재밌어서 잠 못 드는 지구의 과학

THE SCIENCE OF THE EARTH

신규진 지음

차례

도구는 시계와 볼펜 그리고 햇빛

3월 21일. 잠에서 깨어보니 황당하게도 당신은 사방이 온통 회벽인 방에 갇혀 있었다. 방에는 고양이가 드나들 만한 작은 창이 하나 뚫려 있는데 햇빛이 잘 드는 것으로 보아 아마도 남향 창이다. 문 밖에는 검은 터번을 두른 사람들이 AK소총을 메고 보초를 서고 있다. 몰래 탈출하는 건 꿈도 못 꾼다. 그들은 무전기를 이용하여 어딘가와 교신하며 협상을 하고 있었다. 아마도 당신은 포로가 된 모양이다. 어찌 하면 좋을까?

우선 당신이 어디에 있는지를 파악할 수 있는 단서를 찾아야 한다. 다행히도 당신은 한국에서 쓰던 손목시계를 그대로 차고 있었다. 너무 낡은 시계여서 아무도 관심을 두지 않은 모양이다. 그들은 오전 8시가 되자 아침 식사를 제공했는데, 그때 손목시계는 오후 2시[1]를 가리키고 있었다. 그렇다면 당신이 갇혀 있는 곳은 한국보다 여섯 시간 느린 45°E의 표준시를 쓰는 지역이다. 이라크일까? 아니면 사우디아라비아? 소말리아…? 확실하게 파악하기 위해 자가 꼭 필요한 것은 아니다. 자가 없으니 한구석에 버려진 볼펜을 주워 이용하자.

햇빛이 들어오는 남쪽 창가의 바닥에 볼펜을 놓고 길이를 표시한다. 그 길이를 이등분하고 또 이등분하고 또 이등분하고 또 이

---

1 오전 2시가 아닌 이유는 새벽 2시인 것으로 가정하면 갇혀 있는 지역의 위치가 태평양 바다 한복판이 되기 때문이다.

등분하여 금을 그어 표시한다. 볼펜을 수직으로 세웠을 때 그림자의 길이 비比가 얼마나 되는지를 알아내기 위해서는 인내심을 가지고 관찰해야 한다. 손목시계가 18시 정각을 가리키자 그림자의 길이가 가장 짧아졌다. 볼펜과 그림자의 길이의 비는 7 대 4였다. 이것으로 위치를 알 수 있는 정보는 모두 수집되었다.

아마도 그들은 한국 정부에게 무엇을 요구하고 있었던 듯하다. 그들은 인질이 살아 있다는 것을 증명하기 위해서 무전기 마이크를 들이대며 당신에게 무슨 말이든 하라고 했다. 당신은 넋이 나간 사람처럼 중얼거렸다.

"한국 시간 18시 정각. 그림자 가장 짧음. 7분의 4."

한국의 재난구조팀은 그 메시지를 분석하여 당신이 있는 곳의 위치를 알아낼 것이다. 하늘은 스스로 돕는 자를 돕는다.

살기 위해서 알아두어야 할 경위도 기초 개념

· **경도**: 수박의 줄무늬처럼 지구에 세로로 선을 그어 표시하는 좌표 개념이다. 영국 런던 그리니치 천문대를 지나는 남북 방향의 선(본초자오선)이 경도 0°에 해당한다. 본초자오선 동쪽 방향으로 180° 이내는 동경이 되고, 서쪽 방향으로 180° 이내는 서경이 된다. 서울은 본초자오선에서 약 127° 동쪽 방향에 있으므로 서울의 경도는 127°E(동경 127도)가 된다.

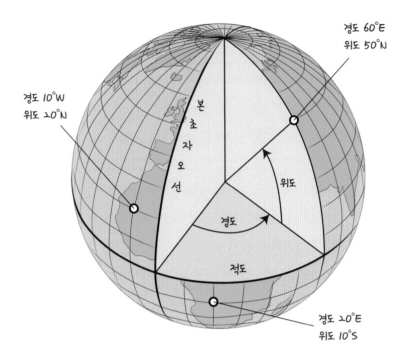

경도 60°E
위도 50°N

경도 10°W
위도 20°N

본
초
자
오
선

위도

경도

적도

경도 20°E
위도 10°S

경도: 본초자오선과 이루는 각도, 0°~180°(동경, 서경으로 구분)
위도: 적도와 이루는 각도, 0°~90°(북위, 남위로 구분)

· **위도:** 적도를 기준으로 어느 지점이 얼마나 떨어져 있는지를 각도로 나타내는 개념이다. 적도는 위도 0°인 지점이고, 북극은 90°N(북위 90도), 남극은 90°S(남위 90도)인 지점이다.

· **세계시**(그리니치시 또는 협정 세계시)**:** 영국 런던 그리니치 천문대를 지나는 경도 0°선을 기준으로 한 시간을 세계시라고 한다.

· **지방시**地方時, local time**:** 어떤 지점의 경도선을 기준으로 한 시간

이다. 경도 15°당 한 시간 차이가 나게 된다.

· **표준시**標準時, standard time: 표준시는 어떤 나라나 지역이 통일된 시간을 쓰기 위해서 채택한 지방시를 말한다. 한국은 135°E 지방시를 표준시로 채택하고 있기 때문에 세계시보다 아홉 시간 앞서는 시간이 된다. 만약 한국이 아침 10시라면 영국은 새벽 1시인 것이다.

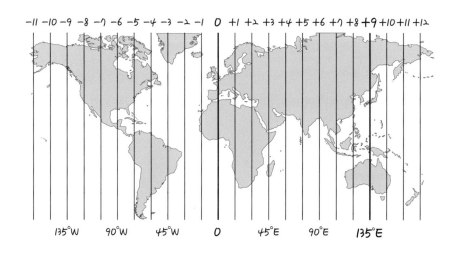

위 그림은 시간 변경 개념도이다. 경도가 15°씩 달라질 때마다 시간은 한 시간씩 변경되지만, 국경선을 고려하면 시간 변경선은 직선이 아니다.

· **태양의 적위**: 우주를 반지름 무한대의 둥근 공으로 가정했을 때 천구라고 부르며, 지구의 적도를 천구까지 동심원의 형태로 확장

했을 때 그려지는 가상의 원을 천구적도라고 한다. 천구적도는 천구의 사방팔방에 흩어져 있는 별들의 위치를 나타내는 좌표계의 기준선이 되는데, 어떤 천체가 천구적도로부터 얼마나 떨어져 있는지를 나타내는 각도의 개념을 적위라고 한다.

태양의 적위는 1년 내내 변한다. 지구가 공전축에 대하여 23.5° 기울어진 채로 태양 주위를 공전하기 때문이다.

태양이 적도를 수직으로 비추는 때는 3월 21일 경인 춘분 때이다. 이때 태양의 적위는 0°가 된다. 춘분이 지나면 태양의 적위는 매일 조금씩 증가하여 하지인 6월 21일 경에 북회귀선(23.5°N) 지방을 수직으로 비추게 되는데, 이때 태양의 적위는 +23.5°가 된다. 북회귀선에 이르면 태양은 더 이상 북진하지 않고 남쪽으로 되돌

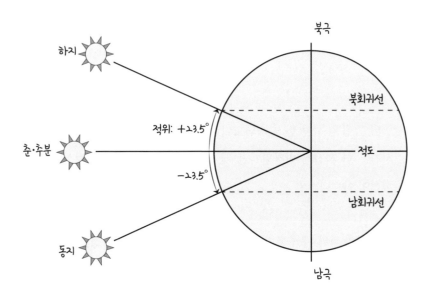

아가게 된다. 하지 이후부터는 다시 태양의 적위가 감소하여 9월 21일 경 추분에는 다시 태양의 적위가 0°가 되고 12월 22일 동지가 되면 태양은 남회귀선(23.5°S) 지방을 수직으로 비추게 된다. 동지 때 태양의 적위는 −23.5°가 되는 것이다. 결국 태양의 적위 값은 연중 −23.5°∼+23.5° 사이에서 오르락내리락한다.

재난구조팀 메시지 분석

재난구조팀은 메시지에 담긴 의미를 분석했다.

"한국 시간 18시 정각. 그림자 가장 짧음. 7분의 4."

위 메시지는 '한국 시간 18시에 태양이 남중[2]했다'와 '막대를 수직으로 세웠을 때 그림자의 길이가 7분의 4이다'라는 두 개의 메시지로 해석이 가능하다. 처음 메시지는 경도 정보를 나타내고, 다음 메시지는 위도 정보를 담고 있다.

한국 시간 18시에 태양은 어디에 가 있을까? 12시에 태양이 남중하고 여섯 시간이 흘렀으므로 태양은 90°만큼 서쪽 지방으로 이동했을 것이다. 한국에서 서쪽으로 90°에 있는 나라는 어디인

---

2 천체가 정남 방향에 오는 순간. 자세한 설명은 본문 30쪽 참조.

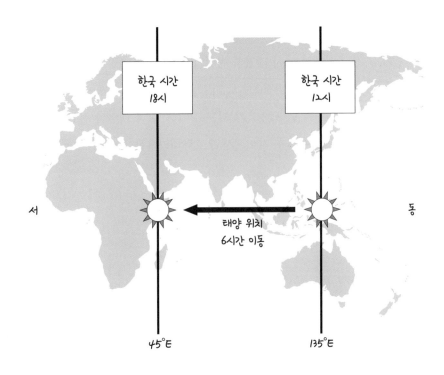

가? 한국은 135°E를 표준시의 기준으로 하므로 135에서 90을 빼면 45°E 지방이 된다.

경도 분석을 마쳤으니 위도를 분석해보자.

태양이 남중했을 때 막대를 수직으로 세우고 그림자의 길이 비율을 알면 삼각비를 통해서 남중 고도가 몇 도인지를 구할 수 있다. 막대(높이)와 그림자(밑변)의 비가 7 대 4인 직각삼각형의 밑변각은 약 60°이다. 이는 태양의 남중 고도가 60°라는 것을 말해준다.

3월 21일 춘분날 태양의 적위는 0°이다. 태양은 매우 멀리 있으

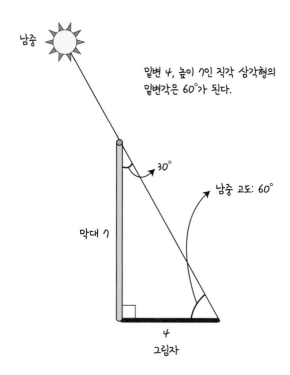

남중

밑변 4, 높이 7인 직각 삼각형의
밑변각은 60°가 된다.

30°

남중 고도: 60°

막대 7

4
그림자

므로 평행한 빗줄기처럼 날아와 지구에 입사하게 되는데, 지구는
둥글기 때문에 태양빛이 지면과 이루는 각도는 지역별로 모두 다
르게 나타난다. 태양의 남중 고도를 알면 해당 지역의 위도를 산
출할 수 있다. 남중 고도가 60°이면, 막대와 빗변이 이루는 각은
30°가 되며, 30°는 위도의 엇각이 된다. 따라서 해당 지역의 위도
는 북위 30°가 된다.

재난구조팀은 당신이 갇혀 있는 곳의 위치를 위도 30°N, 45°E
의 지방시를 쓰는 지역인 것으로 파악했다. 재난구조팀은 근방을

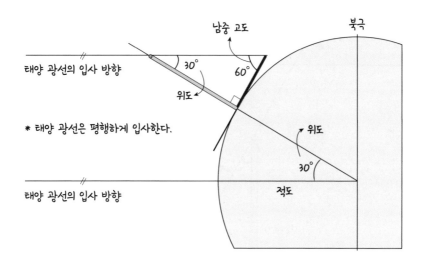

선회하는 동맹국의 군사위성과 정찰기의 정보를 수집하였고, 빅데이터 인공지능 확률 분석을 통해 의심이 되는 시설을 한 곳으로 압축한 후 구조대를 급파했다. 당신은 무사히 구출되었고 일약 스타가 되었다.

춘분이 아닌 날에는 어떻게 할까? 이때는 태양의 적위가 $0°$가 아니기 때문에, 그날 태양의 적위 값을 더하기해야 한다. 즉 조난 지역의 '위도=$90°$-태양의 남중 고도+태양의 적위'가 된다. 어떤 날 태양의 적위가 얼마인지는 한국천문연구원 홈페이지(www.kasi.re.kr)에서 정보를 얻을 수 있다.

2
여행길, 나침반을 믿지 마라

피터는 왜 황금의 강을 찾지 못했나

인디언 전설이 새겨진 사막의 바위 앞에서 피터는 제로니모에게 총을 겨누었다.

"바위에 뭐라고 쓰여 있나? 사실대로 말하면 목숨은 살려주겠다."

제로니모는 바위의 새겨진 문자의 뜻을 해독하고 말했다.
"북쪽으로 말을 달려 하루를 더 가면 황금의 강이 있다."

피터는 나침반을 쓰다듬으며 음흉한 미소를 지었다. 나침반은 얼마 전 유럽의 상인에게서 구입한 것으로 이정표 하나 없는 사막에서 길을 일러줄 것이다.
"황금의 강이라…, 흐흐흐. 약속대로 목숨은 살려주마. 대신 네가 타고 온 말은 내가 데려가겠다."

제로니모가 체념한 표정으로 말했다.
"차라리 나를 쏘아 죽이고 가시오."

피터는 잠시 제로니모를 바라보다가 단도 한 자루를 모래 바닥에 던지며 말했다.
"고통스러우면 그 칼로 자결해라. 나를 원망하지 말고 네 운명을 탓하는 게 좋겠지."

피터는 고삐를 당겨 말 머리를 돌린 후 박차를 가했다.
"이랴! 가자! 황금의 강으로!"

피터는 북쪽을 향해 말을 몰았다. 나침반이 가리키는 대로 꼬박

하루를 갔다. 허나 뜨거운 모래사막만 끝없이 이어질 뿐 강은 보이지 않았다. 피터는 나침반을 툭툭 쳐서 이상이 없는지를 살폈다. 자침은 빙글빙글 잘 돌았고 언제나 같은 방향을 향해 멈추었다.

'고장이 난 것은 아니군…'

피터는 이제나저제나 하면서 하루 하고 반나절을 더 갔다. 그러나 이글거리는 태양 아래 보이는 거라곤 온통 사막뿐이었다.

결국 피터의 말이 탈진하여 거품을 물더니 쓰러졌다. 제로니모에게 빼앗아 데려온 말도 땅에 엎드려서 꼼짝하지 않았다.

피터는 멍청이였다. 나침반을 믿다니…. 피터의 머리 위로 검독수리 한 마리가 날고 있었다.

지구 자석의 기초 명칭

지구는 거대한 자석과 같아서 자기장이 형성되어 있으며, 자기북극과 자기남극을 연결하는 자기력선이 지구를 둥글게 감싸고 있다.

북극north pole, 90°N과 남극south pole, 90°S은 지구 자전축이 지표와 만나는 양 끝점이다. 지구본에 수박처럼 세로줄로 그려진 경도선들은 모두 북극과 남극에서 만나게 되어 있다.

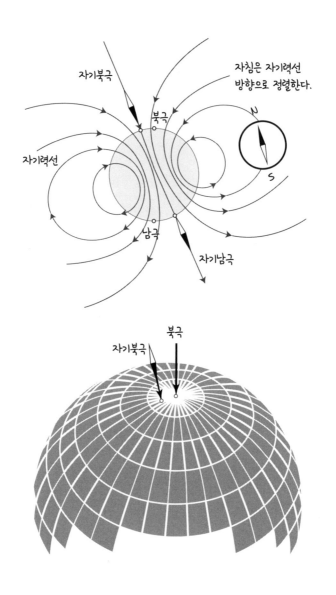

자기북극

자기력선

북극

남극

자기남극

자침은 자기력선
방향으로 정렬한다.

N

S

북극

자기북극

자기북극magnetic north pole은 자침을 상하좌우 자유롭게 움직일

수 있도록 두었을 때 자침의 N극이 지구를 찌르는 것처럼 수직으

로 곧추서는 지점을 말한다. 자기남극magnetic south pole은 그와 반대로 자침의 N극이 하늘을 향해 수직으로 서는 지점이다. 자기북극, 자기남극의 위치는 비대칭이며 지리상의 북극, 남극과는 동떨어진 지점에 위치한다.

진북true north은 지구의 어떤 지점에서 북극 방향을 지칭할 때 쓰는 말이다.

자북magnetic north은 지구의 자기력선을 따라 나침반의 자침이 정렬했을 때 N극 바늘이 가리키는 방향이다. 이때 자북 방향과 진북 방향 사이에 생기는 편차 각도를 편각이라고 한다. 편각의 방향과 크기는 관측자가 위치한 지점에 따라서 각각 다르게 나타난다.

편각을 알아야 한다

자기북극은 1900년에 북위 70°, 서경 96° 근처에 있었으나 매년 조금씩 이동하여 2015년에는 북위 86° 서경 153°까지 그 위치가 이동했으며, 자기남극은 1900년에 남위 72°, 동경 148° 근처에 있었으나 2015년 남위 64°, 동경 137° 근처로 이동했다. 이러한 사실은 지구의 자기장이 막대자석의 경우처럼 고정되어 있지 않고 변동한다는 사실을 보여준다.

지구의 자기장은 철질로 되어 있는 지구 내부 외핵의 열대류 운동에 의해서 유도 전류가 생겨서 자기력이 발생하는 것으로 생각되고 있다. 이를 다이너모 이론dynamo theory, 발전기 이론이라고 한다.

지도와 나침반을 이용하여 여행할 때에는 자침이 진북 방향에 대해서 몇 도나 어긋나 있는지를 알아야 목표점을 향해 제대로 나아갈 수 있다. 이때 자북 방향과 진북 방향이 이루는 각을 편각이라고 한다. 자침이 진북 방향에 대하여 서쪽을 가리키는 경우는 편각에 마이너스(-) 부호를 붙이고, 동쪽을 가리키는 경우에는 플러스(+) 부호를 붙인다. 편각이 약 -6.5°인 한국에서는 자침이 서쪽으로 6.5° 방향을 가리킨다. 그렇지만 미국의 경우는 -25°에서 +25°까지 지역에 따라 매우 큰 편각을 보이기도 한다. 따라서 나침반이 있어도 편각을 모르면 피터처럼 길을 잃게 된다.

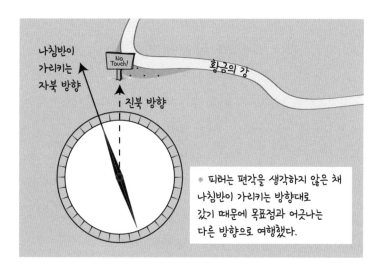

* 피터는 편각을 생각하지 않은 채 나침반이 가리키는 방향대로 갔기 때문에 목표점과 어긋나는 다른 방향으로 여행했다.

나침반은 왜 반품되었나?

피터가 유품으로 남긴 나침반을 물려받은 피터 3세는 훗날 나침반 제작 회사를 차렸다. 피터 3세의 회사가 만든 나침반에는 자북 방향 표식 장치가 달려 있었다. 자북 방향 표식 장치는 원형 나침반의 바깥쪽 테두리를 따라 자유롭게 움직일 수 있었기 때문에 지역별 편각 크기에 맞추어 표식의 위치를 조정할 수 있었다. 일례로 편각이 +20° 인 미국 서부 지역에서는 표식을 북동 20° 방향으로 돌려놓고 자침이 그 방향을 가리키게 한 후 방위를 읽으면 되는 식이었다. 피터가 만든 나침반은 미국 전역에서 손쉽게 사용할 수 있었으므로 빅 히트 상품이 되었다.

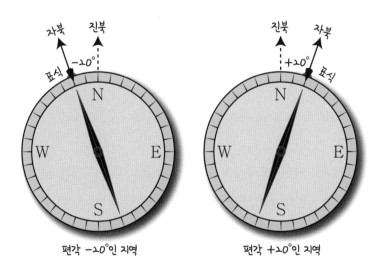

편각 −20°인 지역   편각 +20°인 지역

피터는 나침반을 남미 지역에도 수출했다. 그런데 한번은 상당

량의 나침반이 반품되었다. 나침반의 자침이 평형을 이루지 못하고 시소처럼 기울어서 제대로 돌아가지 않았기 때문이다. 피터는 영업부장을 불러 연유를 물었다.

"어찌 된 것이오?"

"물량이 달려서 재작년에 팔고 남은 재고품을 함께 선적했는데, 그 제품에 말썽이 생긴 것 같습니다."

"재작년에 팔고 남은 재고품?"

"예, 밀봉 포장되어 있었던 거라 새 거나 다름없는데 말입니다."

피터는 자기 이마를 탁탁 치면서 중얼거렸다.

"에구, 하나만 알고 둘은 모르는 사람아….'

피터는 기술부장 매그니토에게 영업부 직원들을 교육하라고 지시했다.

기술부장 매그니토는 영업부 직원들에게 나침반의 원리를 강의했다.

"자침은 자기적도에서만 수평을 유지하고 다른 지역에서는 수평을 유지할 수 없습니다. 자기북극에 가까운 지역은 자침의 N극 쪽이 지면을 향해 기울어지고, 자기남극에 가까운 지역은 S극이 지면을 향해 기울어집니다. 이는 구형의 자석과도 같은 지구의 자기력선의 방향을 따라 자침이 정렬하기 때문에 빚어지는 현상입니다."

매그니토는 칠판에 간략한 그림을 그려서 직원들에게 보여주었다.

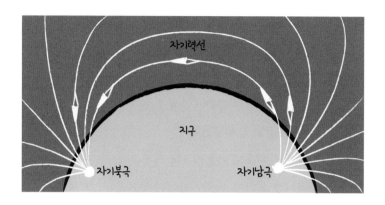

자기북극에 가까운 지역은 자침의 N극 쪽이 지면을 향해 기울어지고, 자기남극에 가까운 지역은 S극이 지면을 향해 기울어진다. 북반구 서울에서는 N극이 수평면에 대하여 아래쪽으로 약 55° 기울고, 남반구 시드니에서는 S극이 약 60° 아래로 기운다. 이

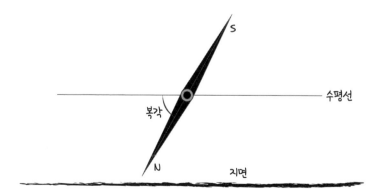

때 자침이 수평면과 이루는 각을 복각(伏角)이라고 한다. 복각의 크기는 자침의 N극이 아래로 기울 때 플러스(+) 기호를 붙이고. 자침의 S극이 아래로 기울면 마이너스(-) 기호를 붙인다. 따라서 서울의 복각은 +55°, 시드니의 복각은 -60°로 표시한다.

신입 직원 브라이언이 질문했다.

"자침이 기울면 어떻게 나침반 수평을 잡나요?"

매그니토가 친절하게 설명했다.

"N극이 아래로 기울면 자침의 S극 쪽을 무겁게 만들든가 아니면 받침점 위치를 옮겨서 수평을 잡아야 하죠."

선임 직원 한 명이 아는 척을 하며 말했다.

"아하, 그래서 지역별로 나침반의 중심점이 다른 제품을 만드는 것이군요?"

매그니토가 고개를 끄덕이며 대답했다.

"그렇습니다. 이번 반품 사태는 미국 지역에서 판매하던 재고 나침반을 그대로 남미에 팔았기 때문에 자침의 N극이 하늘 방향으로 치솟아 나침반이 제대로 작동할 수 없었습니다."

신입 직원이 머리를 갸우뚱하면서 말했다.

"지역별로 일일이 자침의 어느 한 쪽 길이를 짧거나 길게 만들면 미관상 흉하고 비용도 더 들지 않나요?"

매그니토가 브라이언에게 물었다.

"좋은 방법이라도 있나요?"

"모든 자침의 길이를 똑같이 만든 후에 N이나 S 중 어느 한쪽이 아래로 기울어지면 반대쪽에 구리선 같은 것을 감아서 무게를 맞추면 좋지 않을까요?"

브라이언의 아이디어는 신제품에 적용되었다. N, S 양쪽의 길이가 똑같은 제품을 만든 후에 S극 또는 N극 쪽에 구리실선을 감아서 평형을 잡은 것이다. 이 제품은 미적으로도 아름다웠기 때문에 피터사의 나침반 판매량은 더욱 늘었다.

3
하늘이
시간과 길을
알려준다

제로니모는 어떻게 황금의 강을 찾았나?

사막에 남겨졌던 제로니모는 피터가 언덕 너머로 사라진 후 칼을 거두었다. 그리고는 피터가 말을 타고 간 길보다는 약간 동쪽으로 방향을 틀어서 걸었다.

"우리 인디언은 거짓말하지 않아. 바위에 새겨진 전설대로 북쪽으로 가면 황금의 강이 나타날 거야."

제로니모는 햇빛에 의해 생긴 자신의 그림자를 보며 방향을 가늠했다. 어릴 적부터 해시계 놀이를 하면서 익힌 그의 방향 감각은 탁월했다.

피터가 자결하라고 제로니모에게 건네준 단도 한 자루는 생명의 도구가 되었다. 제로니모는 두꺼운 선인장을 칼로 베어내고 선

인장 즙을 빨았다. 모래 위를 경중경중 점프하듯이 기어가는 사막
뱀과 재빠르게 도망치는 도마뱀을 잡아 허기를 메우면서 길을 걸
었다.

밤이 되어 별이 보이기 시작했을 때, 제로니모는 북극성을 찾아
방향을 잡았다. 바위 사막을 지날 때는 바위에 낀 이끼에서 물을
구했다. 이끼는 건조한 사막에서도 공기 중의 수분을 끌어 모아
물기를 머금고 있었다.

사흘 후, 제로니모는 맑은 물이 흐르는 강변에 도착했다. 생명
처럼 고귀한 강물을 흠뻑 들이킨 제로니모는 강바닥 모래를 양손
으로 퍼 올려 알갱이를 살펴보았다. 하얀 모래알들 사이에 누렇게
반짝이는 알갱이가 간간이 섞여 있었다. 사금이었다.

하늘을 읽기 위한 기초 개념

· **일주운동:** 지구 자전에 의해서 태양과 달, 별과 같은 천체들은 동쪽 하늘에서 서쪽 하늘로 이동하는 것처럼 보이는데 이를 일주운동이라고 한다.

· **고도:** 천체가 지면과 이루는 각도를 고도라고 한다.

· **남중:** 천체가 정남 방향에 오는 순간을 남중이라고 한다. 천체가 남중한 순간에 천체의 고도가 가장 높다. 태양이 남중했을 때 햇빛에 의한 그림자의 길이가 가장 짧아지게 된다.

· **하루:** 하루는 태양이 남중하고 다시 남중할 때까지의 평균 시간을 의미한다.

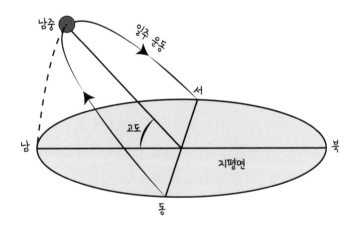

하늘의 시계 태양을 그림자로 투영한 해시계

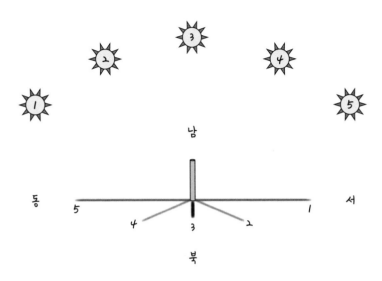

태양은 하늘의 시곗바늘과 같다. 그렇지만 태양을 쳐다보면 눈이 부시고 하늘에는 눈금도 그려져 있지 않으므로 시간을 정확하게 알 수가 없다. 해시계는 이와 같은 불편을 덜어주는 발명품이다.

지면에 막대를 꽂으면 간단한 해시계가 된다. 태양은 동 → 남 → 서 방향으로 움직이므로, 막대의 그림자는 서 → 남 → 동 방향으로 움직인다. 그림자의 길이는 태양의 고도가 높을수록 짧아지므로 태양이 남중했을 때 가장 짧고, 이때 그림자가 가리키는 방향이 정북 방향이 된다.

1434년 조선 세종대왕 때 제작된 앙부일구仰釜日晷는 햇빛 그림자를 이용한 세계의 대표적인 해시계이다. 앙부일구 중앙 바닥을 향해 그어진 세로선은 시각을 읽는 데 쓰이고, 가로선은 24절기를 읽을 수 있도록 되어 있다.

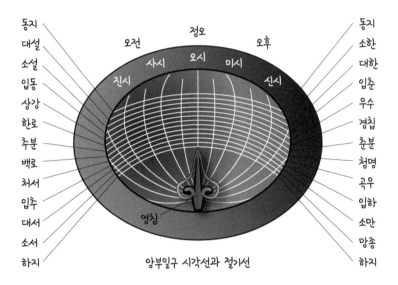

앙부일구 시각선과 절기선

시각을 읽으려면, 태양이 동 → 남 → 서 방향으로 이동함에 따라 영침의 그림자가 서 → 남 → 동 방향으로 이동하므로 그림자가 드리워진 세로선의 시각을 읽으면 된다.

절기를 읽는 방법은 영침의 그림자가 드리워진 가로선 옆에 표기된 대로 절기를 읽으면 된다. 앙부일구의 절기 선들 중에서 가장 깊은 바닥 쪽에 그어진 가로선이 하지를 나타내는 선이고, 가장 바깥의 윗선이 동지를 나타낸다. 이는 하지 때 그림자가 가장 짧아지고, 동지 때 그림자가 가장 길어지는 원리를 적용한 것이다.

서울 경복궁에 설치된 앙부일구의 영침(그림자 바늘)은 지면과 약 37° 20′의 각을 이루어 북극성을 향하도록 비스듬하게 꽂혀 있다. 이는 오목한 원반에 드리워지는 영침 그림자가 일정한 길이를 유지하면서 절기 선을 따라 이동할 수 있도록 한 것이다.

휴대용 앙부일구

대한민국 보물 852호로 지정된 휴대용 앙부일구는 나침반이 함께 부착되어 있다. 나침반을 이용하여 방위를 손쉽게 잡을 수 있도록 한 것이다. 휴대용 앙부일구는 조선의 명품 시계였다.

북극성 쉽게 찾는 법

별이 보이는 밤이라면 방향을 잡는 것은 식은 죽 먹기다. 북반구의 하늘에는 북극성이라는 길잡이별이 있기 때문이다. 북극성은 지구 자전축 방향과 일치하는 지점에 있는 별이기 때문에 봄 여름 가을 겨울 언제 보아도 항상 제자리에 있다.

북극성을 쉽게 찾기 위해서는 우선 국자 모양의 북두칠성이나 W자 모양의 카시오페이아를 찾아야 한다.

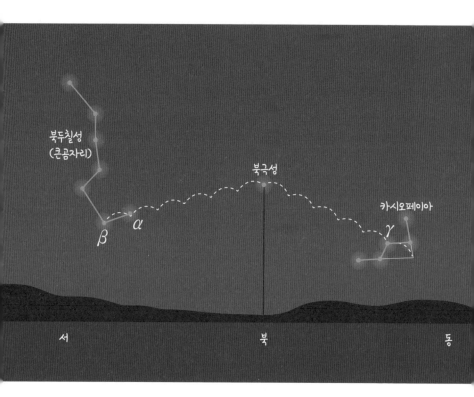

북두칠성의 국자 끝에 해당하는 α별과 β별을 이은 선을 다섯 배 연장하면 닿는 별이 바로 북극성Polaris, 폴라리스이다. 북두칠성이

지면 가까이로 내려가서 잘 안 보일 때에는 맞은편에 위치한 카시오페이아를 찾아서 북극성을 찾을 수도 있다. W 자처럼 생긴 카시오페이아의 가운데 γ별에서 그림에 나타난 것처럼 다섯 배 연장하면 역시 북극성이다. 현재의 북극성은 방향을 잡는데 최상의 지표이지만 늘 그런 것은 아니다. 지구의 자전축은 비딱하게 회전하는 팽이처럼 돌기 때문에 지구 자전축이 1만 2,000년 후에는 직녀성 방향을 가리키게 된다.

방향 길잡이인 북극성이 알려주는 귀중한 정보가 또 있다. 북극성의 고도를 측정하여 현재 자신이 서 있는 지역의 위도를 알 수 있기 때문이다. 북극성이 지면으로부터 30° 고도에 보이면 그 지역의 위도가 30°N북위 30°이고, 60°이면 60°N북위 60°인 지역인 것이다. 따라서 북극성 찾는 연습을 충분히 해둘 필요가 있다.

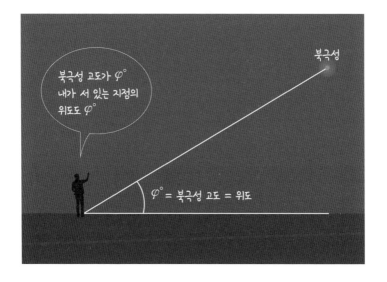

하루란, 지구가 361° 자전하는 시간

하루는 어떻게 정해지는 것일까? 지구가 360° 한 바퀴 자전하는 시간을 하루라고 하는 것일까? 그렇다고 일단 가정해보자. 그렇다면 지구가 한 바퀴 자전했는지를 어떻게 알 수 있을까? 해가 뜨는 시각이나 지는 시각을 기준으로 측정하고자 한다면 하루의 길이를 정확하게 잴 수가 없을 것이다. 해가 뜨고 지는 시각과 위치는 매일 조금씩 달라지기 때문이다.

하루의 길이를 비교적 근사하게 재는 방법은 막대기를 세워 햇빛 그림자를 이용하는 것이다. 막대기의 그림자는 태양이 정남 방향에 오는 한낮에 가장 짧아진다. 그때를 남중이라고 한다. 해가 남중했을 때를 하루의 시작으로 잡고 다음날 해가 다시 남중할 때까지의 시간을 잡으면 하루의 길이가 비교적 일정해진다. 역법에서의 하루도 그와 같은 방식을 기초로 하여 만들어졌다.

그런데 태양이 남중하고 다시 남중하기 위해서는 지구가 한 바퀴 자전하고 약 1°를 더 자전해야 한다. 왜냐하면 지구는 360°를 자전하는 동시에 태양에 대해서 약 1° 공전하는 운동을 병행하고 있기 때문이다. 그러므로 지구가 팽이처럼 360°를 자전하고 원위치로 돌아왔을 때 태양은 1°만큼 한발 짝 뒤로 물러나 있는 것처럼 보이게 된다. 따라서 지구 관측자의 입장에서는 1°를 더 자전해야만 비로소 태양이 어제와 같은 남중 위치에 오는 것을 볼 수 있다. 따라서 하루 24시간은 지구가 361°를 자전하는 데 걸리는 시간이 된다.

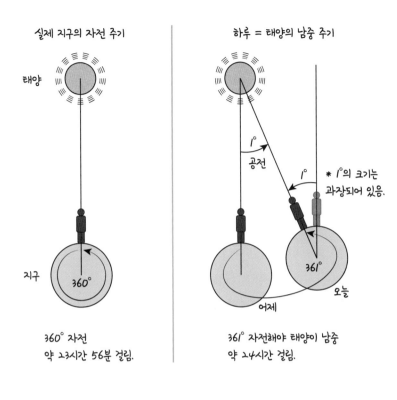

실제 지구의 자전 주기

태양

지구 360°

360° 자전
약 23시간 56분 걸림.

하루 = 태양의 남중 주기

공전 1°

1° * 1°의 크기는
과장되어 있음.

361°

어제 오늘

361° 자전해야 태양이 남중
약 24시간 걸림.

하루의 길이는 일정한가?

하루라는 개념 속에는 지구 공전 각도 1°가 숨어 있다. 때문에
지구의 자전 속도가 일정하더라도 공전 속도가 달라지면 하루의
길이도 달라진다.

16세기말 요하네스 케플러[3]는 행성들의 공전 궤도가 타원인 것

---

3 Johannes Kepler(1571~1630). 독일의 천문학자.

을 알아냈다. 타원 궤도를 도는 행성들의 공전 속도는 일정하지가 않아서 태양에 가까워질수록 빨라지고 멀어지면 느려지게 된다. 이는 거리에 따른 만유인력 크기가 달라짐으로써 생기는 일이다. 지구의 공전 궤도 역시 타원이기 때문에 지구의 공전 속도 또한 일정하지가 않다. 아울러 지구의 자전축이 공전 궤도에 대하여 비스듬하게 기울어진 채로 공전하기 때문에 생기는 공전 각도의 불균등 문제도 있다. 그러므로 눈에 보이는 실제의 태양을 기준으로 만든 하루는 그 길이가 일정할 수가 없다. 이처럼 실제의 태양을 기준으로 만든 시간 개념을 시태양시視太陽時, 실제의 태양을 기준으로 설정한 하루를 시태양일視太陽日이라고 한다.

세세한 것들을 계산하여 하루의 길이를 정확하게 결정할 필요가 없었던 고대에는 시태양일을 기준으로 하루를 삼고 시태양시를 기준으로 시보를 알렸다. 조선시대에만 해도 앙부일구와 같은 해시계를 이용하여 시보를 하고 밤에는 별을 관측하여 시간을 알렸다.

현대인이 사용하는 시간은 천구의 적도를 톱니바퀴 돌아가듯이 일정한 속도로 움직이는 가상의 태양을 기준으로 정한 것이다. 이를 평균태양시平均太陽時라고 한다. 시태양시와 평균태양시의 편차는 연중 최대 +16분 33초에서 −14분 6초인 것으로 알려져 있다. 알고 보면 우리는 가짜 태양에 맞추어서 하루를 살고 있는 셈이다.

4
지진보다 빠른 긴급재난문자

지진보다 먼저 온 문자

2017년 11월 15일 14시 30분, 긴급재난문자가 도착했음을 알리는 경보음이 집집마다 뚜우- 뚜우- 요란하게 울렸다.

← 긴급재난문자

— 2017/11/15(수) —

🔊 [기상청] 11-15 14:29 경북 포항시 북구 북쪽 6km 지역 규모 5.5 지진 발생/여진 등 안전에 주의 바랍니다.
오후 2:30

"포항에서 지진이 났나 봐?"

"여기는 아무 느낌도 없…는데?!"

"어! 흔들린다!"

서울 사람들은 문자를 읽고 나서 10여 초가 지난 후에 울렁대는 진동을 느꼈다.

"문자가 지진보다 먼저 왔네? 미리 안 거야? 어찌 된 거지?"

"그런데 진도가 5.5라는 거야?"

"아니, 규모가 5.5⁴라고 찍혀 있는데?"

"규모는 진도와 다른 거야?"

재난문자가 먼저 도착한 것은 기상청의 조기경보시스템이 제대로 작동되었기 때문이다. 당시(2017.11.15) 기상청은 지진 발생 3초 후 지진 감지, 19초 후 경보 발령, 4초 후 문자 송출을 한 것으로 알려져 있다. 문자 송출 후 통신사를 거쳐 개인 휴대폰에 문자가 도착하려면 2~3초 정도 소요되므로 지진 발생 후 약 30초 후에 국민들은 지진이 발생했음을 인지한 셈이다.

지진파는 P파, S파, L파로 구분하는데, 땅이 크게 흔들리기 시작하는 것은 S파가 도착한 후부터다. S파의 속력은 평균 3.5km/s으로 포항에서 발생한 지진파가 270km 떨어진 서울까지 가는 데 걸리는 시간은 약 77초다. 그러므로 서울처럼 진원에서 먼 지역의

---

4 포항 지진(2017.11.15)의 규모는 최초 5.5로 재난문자가 전달되었으나 L파 진동이 끝난 후에는 5.4로 보정되었다. 초기 경보 때에는 P파의 진폭을 토대로 예측 경보를 울리는 것이기 때문에 그 정도의 편차는 매우 정확한 것이라고 할 수 있다.

경우는 재난문자가 먼저 도착한 연후에 지진파의 진동이 전달된 것이다.

지진파 기본 지식

· **지진:** 땅이 흔들리는 현상인 지진은 지각이나 맨틀에 누적된 스트레스에 의해 단층이 발생할 때 가장 많이 발생한다. 화산 폭발시의 화산 지진, 지하 공동의 함몰에 의한 지진, 핵 실험 등으로 인한 인공 지진도 발생한다.

· **지진파:** 지진이 발생했을 때 전파되는 지진파에는 P파, S파, L파가 있다.

P파Primary waves, 1차 파: 1차로 전달되므로 속도가 가장 빠르다. 전파 속도는 6~8km/s이다. 압축 팽창을 반복하며 진동하는 종파로 진폭이 작다.

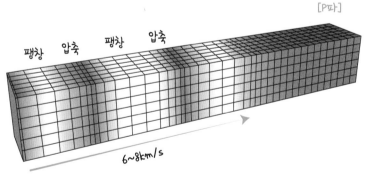

[P파]

팽창 압축 팽창 압축

6~8km/s

S파Secondary waves, 2차 파: P파가 도착한 후에 뒤이어 도달하는 2차

파로 지각 근처에서의 속도는 3~4km/s이다. 파의 진행 방향과 매질의 진동 방향이 수직인 횡파로 P파에 비해 진폭이 크다.

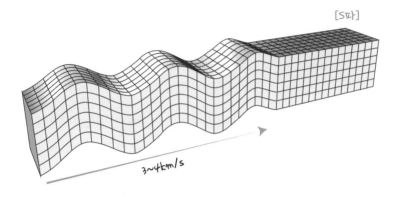

[S파]

3~4km/s

L파Last waves: 마지막에 도착한다는 뜻에서 붙여진 L파의 전파 속도는 3km/s 정도이며, 지표면 수 킬로미터 이내에서만 전달되

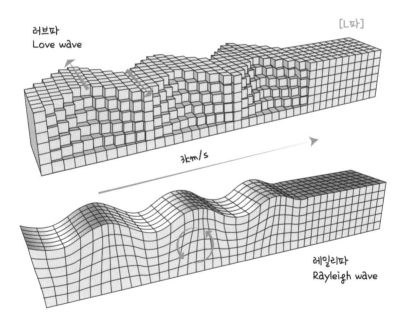

러브파
Love wave

[L파]

3km/s

레일리파
Rayleigh wave

므로 표면파라고 한다. L파는 파동의 패턴에 따라서 러브파Love
waves, 레일리파Rayleigh waves, 스톤리파Stoneley waves 등이 있으며 진폭
이 커서 지진 피해를 크게 줄 수 있다.

지진 규모와 진도는 다른 개념

규모 5.4 지진의 에너지는 1톤 트럭 2,000대 분량의 TNT폭탄
을 일시에 터트리는 위력과 맞먹는다. 그렇지만 규모 5.4의 지진은
지구상 어디에선가 거의 매일 일어나는 보통의 지진에 불과하다.

세계의 지진 통계에 의하면 규모 7.0 이상의 지진은 한 달에 한
번 꼴로 일어났고, 규모 8.0 이상의 지진도 약 3년마다 한 번씩 일
어났다. 지진 규모 7.0과 8.0은 수치상 1밖에 차이가 나지 않지만
그 위력은 30배 이상의 차이가 난다. 이를 폭탄의 폭발력으로 환
산하면 규모 7.0은 TNT폭탄 5만 톤, 규모 8.0은 TNT 폭탄 1500
만 톤(히로시마 원자 폭탄 75개 분량의 위력)의 폭발력과 같다.

지진 규모seismic magnitude scale의 개념은 찰스 프랜시스 릭터[5]에
의해 고안되었기 때문에 '릭터 규모'라고도 불린다. 릭터 공식은
$\log_{10}E$ = 1.5M + 11.8 (E:지진에너지, M:지진 규모)이다. 인위적으로
그와 같은 공식을 만든 이유는 막대한 지진 에너지의 양을 한 자
리 숫자로 표현하기 위함이다. 릭터 공식은 로그함수이므로 규모

---

5 Charles Francis Richter(1900~1985). 미국의 지진학자.

(M)가 1만큼 커지면 지진 에너지(E)는 31.6배 증가하고, 규모(M)가 2만큼 증가하면 지진 에너지(E)는 1,000배 증가한다. 그림은 지진 규모와 에너지의 관계를 입체적인 공의 형태로 나타낸 것이다. 지진 규모를 산출할 때는 지진계에 나타난 최대 진폭을 측정하여 이를 토대로 계산한다.

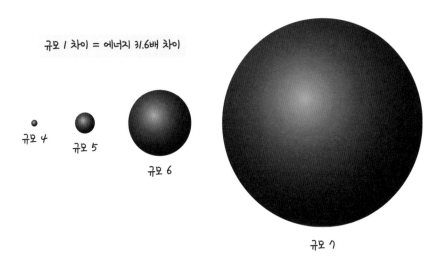

규모 1 차이 = 에너지 31.6배 차이

규모 4

규모 5

규모 6

규모 7

지진 규모는 지진 에너지 크기를 한 자리 수로 개념화시킨 것이므로 하나의 지진은 하나의 규모 값으로만 결정된다. 그런데 규모가 같은 지진일지라도 진도는 제각각 다르다. 왜냐하면 진도震度는 지표면과 건물의 흔들림의 정도에 따라서 붙여지는 등급이기 때문이다. 따라서 진도는 진원 거리가 멀어질수록 점차 감소하며, 지역별 지층의 밀도와 탄성반발력의 차이에 의해서도 달라질 수 있다.

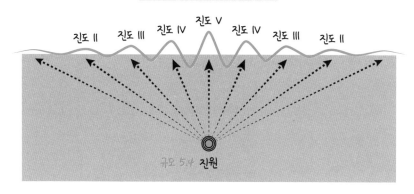

진도 : 지표면 진동 수준의 등급

진도 Ⅱ 진도 Ⅲ 진도 Ⅳ 진도 Ⅴ 진도 Ⅳ 진도 Ⅲ 진도 Ⅱ

규모 5.4 진원

규모 : 지진 에너지 크기 척도

2000년 이전까지 우리나라는 일본 기상청이 만든 진도 등급을 이용했으나, 이후부터는 국제적으로 널리 사용되는 MMI스케일 Modified Mercalli scale, 수정 메르칼리 등급을 사용하고 있다. MMI 진도 등급은 12등급이며, 로마 숫자로 표기하는 것이 관례이다.

| MMI등급 |

I	II	III	IV	V	VI	VII	VIII	IX	X	XI	XII
(1)	(2)	(3)	(4)	(5)	(6)	(7)	(8)	(9)	(10)	(11)	(12)

| JMA등급(일본 기상청) |

0	1	2	3	4	5	6	7
무감 (無感)	미진 (微震)	경진 (輕震)	약진 (弱震)	중진 (中震)	강진 (強震)	열진 (烈震)	격신 (激震)

Ⅰ(1)
느낌 없음
지진계만 느낌

Ⅱ(2)
예민한 사람만 느낌

Ⅲ(3)
많은 사람이 진동을 느낌
매달린 물체 약간 움직임

Ⅳ(4)
실내에서 현저히 느낌
잠든 사람 일부가 깨어남

Ⅴ(5)
불안정한 물체 넘어짐
잠든 사람 대부분이 깨어남

Ⅵ(6)
놀라서 뛰어나감
가구가 움직임, 회벽 균열

Ⅶ(7)
모든 사람이 뛰어나옴
담장, 부실 건물 피해

Ⅷ(8)
서 있기 곤란함
건물 균열, 붕괴 발생

Ⅸ(9)
튼튼한 건물도 일부 붕괴
송수관 파열, 심각한 재난

X(10) 산사태, 대부분의 건물 붕괴,
지표면 균열, 가스관 파괴, 토양수 분출

XI(11) 남아 있는 건물 거의 없음,
다리 붕괴, 선로 붕괴, 땅 꺼짐,
모든 것이 파괴됨

XII(12) 지표면이 파동치듯 움직임,
물체가 하늘로 던져짐

규모 5.4의 포항 지진이 발생했을 때 한국 내륙에 지역별로 나타난 진도 등급 범위는 포항 Ⅴ, 대구 Ⅳ, 부산 Ⅲ, 서울과 제주가 Ⅱ 정도였다.

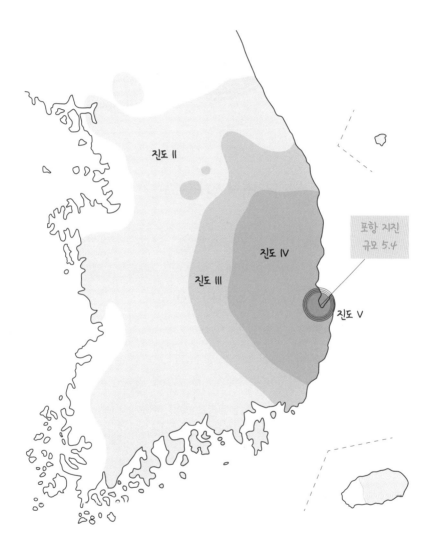

5 성능 기반 설계와 지진대

5층 건물이 많은 이유는?

한국의 도시에는 5층 건물이 매우 많다. 학교도 그렇고 관공서도 그렇고 상가 건물이나 임대용 건물들도 대부분 그렇다. 왜일까? 이는 건축물 내진 설계 기준과 관련이 있다.

내진 설계와 시공은 격자형 구조를 바탕으로 여러 가지 기술적 보강을 해야 하는지라 건축 비용이 상승한다. 1988년에 도입되어 2005년 7월까지 시행된 건축법에 따르면 6층 이상 연면적 1만m² 이상의 건물을 지으려면 내진 설계를 해야 했다. 그러니 분양하거나 임대를 놓을 목적으로 건물을 짓는 건물주의 입장에서는 5층 위로 몇 층 더 올려보았자 별 이득이 없거나 오히려 손해였다. 영세한 건설회사의 입장에서도 내진 설계 기준에 맞추어 공사를 하자면 부담이 커진다. 기술 비용이 상승하고 까다로운 감리를 받아야 하기 때문이다. 건설회사 입장에서는 공사 기일을 단축하여 신규 공사를 많이 하는 것이 이득이었을 것이다.

2005년 여름부터는 법령이 개정되어 3층 이상의 건물은 내진 설계를 하도록 확대되었고, 지속적인 법령 개정을 통해 현재는 2층 이상 연면적 200m² 이상인 대부분의 석조 건물은 내진 설계를 하도록 건축법 시행령에 명시되어 있다. 목조 건물인 경우는 3층 이상 연면적 500m² 이상일 때로 그 기준이 느슨한 편이다. 목조 건물은 하중이 적고 탄력성이 있어서 지진에 견디는 힘이 비교적 나은 것으로 알려져 있기는 하다. 그렇지만 2016년 4월 일본 구마모토를 덮친 강진에 의해 수많은 목조 건물이 대파된 사례를 보면 안전을 보장할 수 없기는 목조 건물도 마찬가지다.

한국의 경우는 근대에 규모 6 이상의 지진이 관측된 적이 없다. 문헌 연구를 통해 추측되는 바로는 삼국시대 때 신라 지방에서 규모 6.5 정도의 지진이 있었던 것으로 추정될 뿐이다. 그런데 지진은 지층에 일정량의 압력이 누적되었다가 일시에 터지는 사건이므로 스트레스가 쌓이는 시간을 계산하여 재현 주기 확률을 추정한다. 한국은 2016년 규모 5.8의 경주 지진, 2017년 규모 5.4의 포항 지진이 발생하면서 재현 주기에 가까워진 것은 아닌지 불안해하는 사람들도 있다. 이에 대한 대책을 마련하려면 무엇을 어떻게 준비해야 할까?

성능 기반 설계로 지진을 대비한다

'사람은 지진 때문이 아니라 건물 때문에 죽는다'라는 말이 있다.

1976년 중국 탕산 지진 때 공식 사망자만 25만 명 가까이 집계되었는데, 이는 모두가 잠든 새벽에 예고 없이 발생한 규모 7.8의 지진으로 인해 대부분의 가옥이 붕괴한 데서 비롯되었다. 지진 대비가 가장 잘된 나라로 손꼽히던 일본의 경우에도 1995년 규모 7.2의 고베 지진 때 6,000여 명이 사망했다. 고베 지진으로 인해 충격을 받은 일본은 1998년 지진에 대비한 철저한 대책 구축을 위해 법률을 개혁하고 '성능 기반 설계또는 성능 중심 설계, Performance Based Design, PBD'를 내진 설계에 적용하도록 정책을 폈다.

성능 기반 설계란 '설계된 구조물의 보유 성능이 목표 성능(안전성, 사용성, 내구성 등)을 만족하고 있다면 구조물의 형식이나 구조 재료, 건축 공법 등에 구애받지 않아도 되는 재량 설계'[6]라고 할 수 있다. 성능 기반 설계의 반대 개념은 사양 설계Prescriptive design이다. 사양 설계는 설계 지침에 기술되어 있는 규정에 따르는 방법이다. 사양 설계는 규격화된 일정한 틀을 제공함으로써 적용하기 쉽다는 장점이 있으나 보다 창의적이고 보다 나은 신기술을 적용하는 데에는 뒤처질 수밖에 없다.

사양 설계에 따라서 규정을 지켜 건물을 시공한 건물이 지진으

6　참고 자료: 한국강구조학회 학술발표 논문집. 성능기반설계의 개요, 용어 기본 방법 Terminology and principle methods of Performance-Based design; 이학(Lee, Hak), 조광일 Cho, Kwang-Il), 김상효(Kim, Sang-Hyo), 공정식(Kong, Jung-Sik).

로 인해 상당 부분이 훼손되고 파괴되었을 경우에 설계자는 별 책임이 없다. 그러나 성능 기반 설계를 적용한 건물은 설계자의 책임이 뒤따른다. '당신의 능력을 최대한 발휘하여 재량껏 설계하시오. 단 그 건물이 목표로 하는 안전성에 대해서는 책임을 져야 하오.' 이것이 성능 기반 설계를 적용한 일본의 건축법의 취지이다.

내진 설계   제진 설계   면진 설계

일본에서는 건축물의 내진 설계를 내진耐震, 제진制震, 면진免震 설계로 보다 상세하게 구분한다.

내진 설계耐震 設計는 건물 자체의 구조를 보다 강하게 보강함으로써 지진에 견디도록 하는 설계이다. 철강을 격자 모양으로 넣고 X 자형 보강재를 덧대고 콘크리트 두께를 더 보강하는 식이다. 따라서 건물의 중량이 증가하는 단점이 있어서 고층 빌딩에는 내진 설계를 적용하는 것에 한계가 있다.

제진 설계制震 設計는 점탄성 물질을 이용한 감쇠 장치댐퍼, damper를 구조물 곳곳에 삽입하여 충격을 흡수하며 분산시키는 설계이다. 제진 설계에는 액체 물질을 이용한 충격 흡수나 동조 공명을 응용한 물리적 제어 장치 등 다양한 기술들이 활용될 수 있다.

면진 설계免震 設計는 지면의 진동 자체가 건물에 전달되지 않도록 추구하는 설계라고 할 수 있다. 건물이 공중에 떠 있다면 땅의 진동을 피할 수 있을 것이다. 그러나 현재의 기술로는 건물을 공중에 둥둥 띄워놓을 수 없으므로 구슬처럼 움직이는 받침대 위에 건축물을 올려놓는 형식의 설계가 적용되고 있다.

판의 경계와 일치하는 지진대

한국은 오랫동안 지진의 안전지대였지만, 환태평양 지진대에 매우 근접해 있는 곳이기도 하다. 지진학 연구기관 홈페이지 IRIS (www.iris.edu)에 접속하여 지진 모니터Seismic monitor를 클릭하면 세계 지도 위에 크고 작은 동심원들이 곳곳에서 깜빡이는 것을 볼 수 있다. 동심원은 지진이 일어난 장소와 지진 규모를 즉시 시각적으로 보여준다. 세계의 지진은 하루에 5,000회에서 1만 회 정도 일어나는 것으로 집계되고 있다.

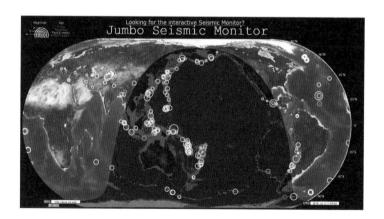

지진이 발생한 진앙[7]의 위치들은 모두 판의 경계에 위치한다.

　'판板, plate'이란 지구 표면 약 100km 두께에 해당하는 암석권을 지칭하는 용어이다. 판은 공룡의 알껍데기 조각처럼 크고 작은 십여 개의 조각으로 갈라져서 지구 표면을 감싸고 있다. 껍데기 판의 안쪽을 채우고 있는 맨틀의 온도는 1,000~3,500℃에 육박하며, 지구의 핵은 그보다 더 뜨거워서 5,000℃ 이상이다. 따라서 지구의 내부는 온도차에 의한 열대류가 일어나며 이로 인해 지구 표면의 판도 움직이게 된다.

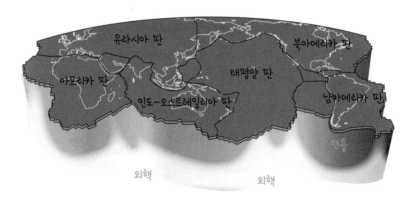

　판이 움직이는 속도는 지역마다 달라서 1년 평균 수 센티미터를 움직이는 곳도 있고 십여 센티미터 이상 움직이는 곳도 있다. 판은 고체이므로 물처럼 부드럽게 흐를 수가 없다. 따라서 스트레

7　신앙(震央): 지진이 일어난 진원(震源)에서 지표에 수직선을 그어 만나는 점으로 지표상에 위치한다. 지도는 입체가 아닌 평면이므로 지진이 일어난 지점은 진앙으로 표시된다.

스가 누적되다가 탄성 한계에 이르면 지각이 부러지면서 일시에 수 미터씩 이동하여 단층斷層, fault이 생긴다. 대부분의 지진은 그와 같은 단층에 의해서 발생한다.

판의 경계는 크게 세 가지 형태로 맞물려 있다. 판과 판이 마주 보고 충돌하거나 뒤에서 추돌하는 형태수렴 경계, 판과 판이 벌어지며 물러나는 형태발산 경계, 판과 판이 엇갈리면서 스쳐가는 형태변환 경계. 세 가지 중 어떤 경우에 속하든 단층에 의한 균열과 마찰 스트레스로 인해 지진이 빈발할 수밖에 없는데 이러한 지역은 띠 모양으로 길게 나타나게 되므로 지진대地震帶, seismic belt를 형성한다. 환태평양 지진대, 알프스-히말라야 지진대, 해령 지진대는 세계 3대 지진대이고, 그중에서도 으뜸은 환태평양 지진대이다. 세계 지진의 80% 정도는 환태평양 지진대에서 발생한다.

일본 동부 지역 지진이 위험한 이유는?

태평양 북부의 알류산 열도에서 시작하여 서쪽으로 캄차카 반도를 거쳐 일본, 필리핀, 말레이시아, 적도의 파푸아뉴기니로 이어지는 섬들은 긴 호를 그리며 분포한다. 그래서 그 섬들을 통칭하여 호상열도弧狀列島, island arc라고 한다. 그런데 바다에서 가장 깊은 곳은 호상열도에서 아주 가까운 지역에 위치하고 있다. 바다의 가장 깊은 골짜기인 해구海溝가 호상열도와 나란하게 분포하고 있는 것이다. 수심 11km에 달하는 마리아나 해구를 비롯하여, 필리핀

해구, 일본 해구 등은 모두 8,000m 이상의 수심을 자랑한다.

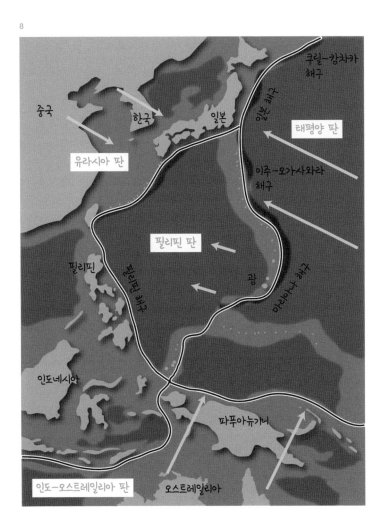

8

8 그림 출처: 신규진, 《지구를 소개합니다—땅속에서 우주가지 45억 살 지구 인터뷰》, 우리교육, 2017.

호상열도와 해구는 판과 판이 충돌하여 수렴하는 과정에서 형성된 지형이다.

태평양 판은 해양 지각의 현무암질 암석으로 덮여 있기 때문에 밀도가 크고(3.0g/cm³), 유라시아 판은 대륙 지각의 화강암질 암석이 껍데기를 이루고 있기 때문에 밀도가 작다(2.7g/cm³). 태평양 판은 서쪽으로 1년에 수 센티미터씩 이동하는 중이다. 따라서 태평양 판이 유라시아 판과 충돌한 해구 지역에서는 태평양 판이 유라시아 밑으로 비스듬하게 기어들어가는 형태가 되는데, 판과 판의 접합면을 섭입대攝入帶, subduction zone라고 한다.

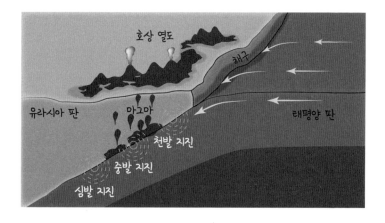

일본 근처에서 발생한 지진들의 진원[9] 분포도를 살펴보면 일본 동부 지역은 진원 깊이 70km 미만의 천발 지진이 많고, 일본 서부 지역으로 올수록 심발 지진이 더 많은 것으로 나타난다. 이러한 분포를 통해 지진학자들은 섭입대의 각도가 45° 정도인 것으

로 파악하고 있다. 지진 피해의 대부분은 심도가 얕은 천발 지진에 의해서 발생한다. 일본의 역대급 지진들은 모두 동부 지역에서 일어났다.

태평양의 호상열도는 모두 화산 활동에 의해 형성된 섬들이며 여전히 불을 토하며 포효하는 활화산도 많다. 이는 태평양 판이 유라시아 판 밑으로 섭입하는 과정에서 마그마도 만들어지기 때문에 일어나는 현상이다. 태평양의 퇴적물과 암석이 물과 함께 해구 속으로 천천히 가라앉으며 지하 수십 킬로미터에 이르면 온도와 압력의 상승으로 인해 마그마가 생성된다. 물은 암석의 용융점을 낮추는 역할을 한다.

최근 몇 년 사이 규모 5 이상의 중급 지진이 한국에서 몇 차례 발생한 것을 두고 엄청난 지진이 발생할 것이라고는 속단할 수 없다. 제주도나 울릉도의 화산 역시 사화산으로서 더 이상 활동하지 않기 때문에 재활동할 가능성도 없어 보인다. 그러나 백두산은 지하 마그마 저장소가 활동 중인 것으로 파악되고 있으며 지진도 지속적으로 일어나고 있기 때문에 예의주시하지 않으면 안 된다. 이러한 화산 활동이나 지진은 인위적 요인에 의해서 방아쇠가 당겨질 가능성도 있다. 거대한 댐을 건설하여 지층에 압력을 가하거나

---

9 진원 깊이에 따른 지진 분류.
   - 천발 지진: 진원 깊이 70km 이내의 지진
   - 중발 지진: 진원 깊이 70~300km 사이의 지진
   - 심발 지진: 진원 깊이 300~700km의 지진(700km 이상 깊은 지진은 발생하지 않음)

핵무기 폭발 실험을 하는 것 등이 바로 그것이다. 하나뿐인 지구의 안전을 위해서도 북한뿐이 아니라 모든 나라의 핵실험은 중단되어야 하며, 핵무기처럼 몹쓸 물건은 전량 폐기되어야 마땅하다.

6
빠르게
돌아가는
회전판, 지구

비딱하게 이동하는 빙산

　19세기 말 노르웨이의 탐험가 난센[10]은 자신이 설계한 해양탐
사선 프람 호를 타고 북극해를 탐험하다가 여러 개의 빙산에 둘러
싸여 갇히게 되었다.

"할 수 없군. 운항을 중단하고 빙산이 이동하기를 기다리는 수밖에…"

프람 호는 돛을 내리고 정박한 채로 상황이 나아지기를 기다렸다. 빙산들은 바람이 불면 어디론가 밀려가고 또 밀려오기를 반복했다.

오랫동안 빙산의 이동을 관찰하던 난센은 한 가지 이상한 점을 발견했다. 빙산이 바람이 부는 방향의 오른쪽으로 떠밀려간다는 사실이었다.

"거 참 이상하군. 빙산이 왜 비딱하게 이동하는 거지?"

난센은 탐험을 마치고 귀국하여 기상학자 빌헬름 비에르크네스[11]에게 빙산의 이동에 대해 문의하였다. 그러자 비에르크네스는 대학원생인 에크만[12]에게 이 문제를 의뢰했다.

"빙산은 90%가 물속에 잠겨 있으니, 빙산의 이동은 바람에 의해 생긴 해류의 영향을 받을 것 같지 않은가? 이 문제를 자네가 풀어주면 좋을 듯하네."

---

10 Fridtjof Nansen(1861~1930). 노르웨이의 극지 탐험가이자 정치가.
11 Vilhelm Bjerknes(1862~1951). 노르웨이의 기상학자.
12 Vagn Walfrid Ekman(1874~1954). 스웨덴의 해양물리학자.

빙산 문제 풀이를 위한 기초 개념

· **해류**: 해류는 표층 해류와 심층 해류로 구분할 수 있다.

· **표층 해류**: 바다 표면에서 흐르는 해류는 일정한 방향으로 바람이 지속적으로 불 때 형성된다.

· **심층 해류**: 바람의 영향을 받지 않는 심해는 해수의 밀도차에 의해서 해류가 형성된다. 해수의 밀도는 수온이 다르거나 염분도가 다르면 달라진다.

· **코리올리 효과**: 지구는 회전하는 거대한 공과 같아서 지표의 회전 속도가 지역마다 다르다. 따라서 포탄처럼 먼 거리를 날아가는 물체를 관측하면 북반구에서는 오른쪽, 남반구에서는 왼쪽으로 휘어지는 것으로 관측된다. 이러한 효과를 코리올리 효과라고 하며 이때 작용하는 가상의 힘을 전향력이라고 한다.

바람과 해류를 조종하는 코리올리 효과

지구는 빠르게 돌아가는 회전 무대이다. 연속적으로 운동 방향이 바뀌는 회전 무대 위에서 출렁이고 있는 대기와 물은 회전에 의한 관성력을 받아 똑바로 진행하기가 어렵기 때문에 그 방향이 휘어지게 되고 소용돌이도 만들어진다.

지표는 얼마나 빠른 속도로 자전하고 있는 것일까? 북극과 남극은 자전축의 끝점에 있으므로 자전 속도는 0이라고 할 수 있다.

그렇지만 남북극에서 멀어질수록 회전 반경이 커지므로 지표의 속도는 점점 빨라져서 위도 60도에서는 시속 834km, 위도 45도에서는 시속 1180km, 위도 30도에서는 시속 1446km, 적도에서는 시속 1669km나 된다. 그런데도 우리는 코끼리 등에 붙어 있는 개미처럼 작은 존재인지라 지표가 그처럼 빠른 속도로 이동하는 것을 느끼지 못한다.

지구의 자전 선속도는
위도에 따라 다르다.

이동 속도가 저마다 다른 지표는 곡면이므로 속도의 방향도 시시각각 변한다. 따라서 미사일처럼 먼 거리를 날아가는 물체는 지

면의 좌표가 변함으로써 그 궤적이 휘어지는 효과가 발생하여 원래의 목표점과는 다른 방향으로 가게 된다. 이처럼 운동하는 물체의 운동 경로가 휘어지는 것을 '코리올리[13] 효과'라고 한다.

코리올리 효과를 생각하지 않고는 바람과 해류의 이동을 이해할 수 없다. 다음 세 개의 그림은 개미가 지구의 회전을 인지하지 못한 채 포탄의 경로가 휘어졌다고 착각하게 만드는 코리올리 효과를 설명한다.

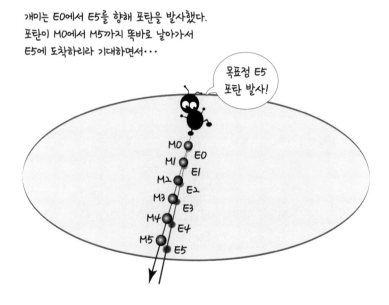

개미는 E0에서 E5를 향해 포탄을 발사했다.
포탄이 M0에서 M5까지 똑바로 날아가서
E5에 도착하리라 기대하면서···

목표점 E5
포탄 발사!

---

13 Gaspard Gustave Coriolis(1792~1843). 프랑스의 기계학자.

그러나 포탄이 M1 → M2 → M3 → M4 → M5로 이동하는 순간마다
땅바닥은 E1 → E2 → E3 → E4 → E5로 그 위치가 달라지게 된다.
땅바닥이 회전하고 있기 때문이다.

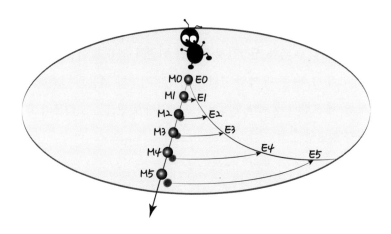

개미도 땅바닥과 함께 회전하고 있었기 때문에
개미의 눈에는 포탄이 오른쪽으로 휘어져 날아간 것처럼 보였다.
땅바닥은 정지해 있었다고 믿으면서···

이것이 코리올리 효과다.

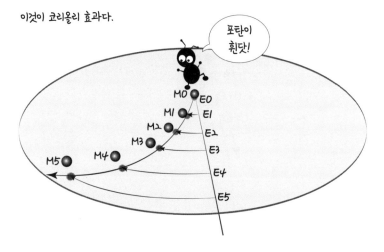

수학에 능통했던 에크만은 바람에 의해 생성되는 해류의 방향이 북반구에서 오른쪽으로 편향되는 이유를 수학적으로 풀어냈다. 그가 생각한 원리는 바람이 불면 코리올리 효과로 인해 표층의 물이 45° 방향으로 편향되고, 편향된 표층의 물이 그 아래층으로 마찰력을 전달하고, 아래층의 물의 이동은 코리올리 효과로 약간 더 오른쪽으로 편향되는 도미노 현상이 일어나는 것으로 해류 이동의 모델을 세운 것이다.

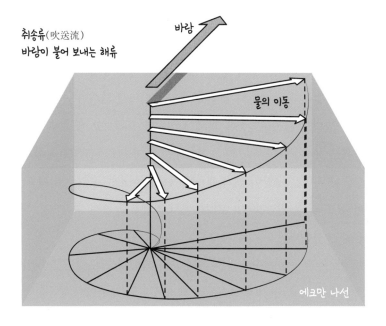

취송류(吹送流)
바람이 불어 보내는 해류

바람

물의 이동

에크만 나선

바람의 마찰력에 의해서 해수가 밀리는 현상은 수심이 깊어짐에 따라서 그 방향이 계속 오른쪽으로 틀어지므로 결국에는 풍향의 반대 방향으로 해수가 이동하는 깊이도 이론적으로 존재하게 된다. 그 깊이까지를 마찰층이라고 하며, 마찰층에서의 평균적인 물의 수송은 북반구에서는 오른쪽 직각, 남반구에서는 왼쪽 직각 방향이다. 이처럼 바람에 의해서 직접 만들어지는 해류를 취송류 吹送流, wind driven current라고 한다.

요트를 타고 태평양을 건널 때 알아야 할 지형류

바람이 불어 해수가 밀리면 해수면에 기복이 생기게 마련이다. 서풍이 불면 해수는 남쪽 방향으로 밀리고, 동풍이 불면 해수는 북쪽으로 밀린다. 태평양의 경우 편서풍에 의해서 해수가 남쪽 방향으로 밀리고 북동무역풍에 의해서 해수가 북쪽으로 밀리게 되면 중위도 30° 해역의 수면의 높이가 높아지게 된다. 수면의 높이가 상승한 지역은 수압이 높기 때문에 해수 덩어리는 수압 차이에 의한 경도력[14]을 받게 된다. 고압부에서 저압부를 향해 수직으로 작용하는 경도력은 공기나 해수를 이동시키는 힘이다. 따라서 위도 30°에서 높아진 해수는 남북 방향으로 발산하는 수압 경도력이 작용하게 되고, 여기에 코리올리 효과에 의한 전향력이 작용하면서 해수의 흐름이 발생한다. 수압 경도력과 전향력이 평형을 이룬 상태에서 흐르는 해류를 '지형류地衡流, geostrophic current'라고 한다.

---

14 경도력(傾度力, pressure gradient): 유체 압력의 기울기에 따라서 생기는 힘.

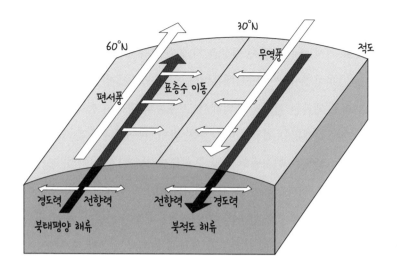

혼자 요트를 타고 태평양이나 대서양을 횡단하는 용감한 사람들이 종종 있다. 그와 같은 도전은 해류의 방향을 잘 알고 있어야 가능하다.

바람의 영향과 수압의 차이와 코리올리 효과가 더해져서 형성되는 표층 해류는 각 대양마다 비슷한 패턴으로 나타난다. 동풍이 부는 지역은 표면 해수가 서쪽으로 밀리고 서풍이 부는 지역은 해수가 동쪽으로 밀리는 것이다.

북반구 태평양은 시계 방향으로 회전하는 아열대 순환이 가장 큰 흐름을 형성하고 있다. 위도 5~20°의 지역은 북적도 해류가 흐른다. 북적도 해류는 동풍인 무역풍의 마찰에 의해서 형성된 해류로서 멕시코 앞바다에서부터 태평양을 가로질러 필리핀까지 직진하는 거대한 흐름이다. 필리핀에 부딪힌 북적도 해류는 동중국 해를 거쳐 제주도 남쪽 해상을 지나 일본 동해안 쪽으로 북상하게 되는데 이것이 쿠로시오 해류이다. 일본 북부까지 밀고 올라온 쿠로시오 해류는 편서풍에 의해서 그 흐름의 방향이 동쪽으로 틀어지면서 북태평양 해류로 이어진다. 위도 40~50°에서 동진하는 북태평양 해류는 편서풍의 마찰에 의해서 만들어진 것이다. 북태평양 해류는 아메리카 대륙 가까이 접근하면서 남북으로 갈라져 이동하는데 남쪽으로 향하는 캘리포니아 해류의 흐름의 폭이 훨씬 넓게 형성된다. 이는 코리올리 효과에 의해서 해류가 오른쪽으로 편향되기 때문에 나타나는 현상이다.

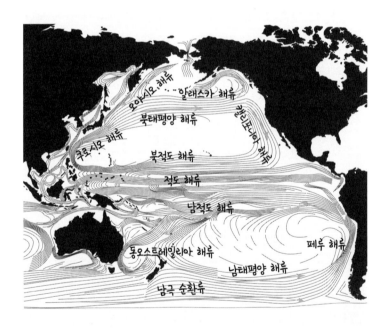

한국과 일본에 가장 큰 영향을 주는 쿠로시오くろしお 해류는 검은 해류黑潮, 흑조라는 뜻을 가지고 있다. 쿠로시오 해류가 수심이 깊은 우물처럼 검게 보이는 이유는 물이 맑아서 심연의 어둠이 수면 위로 드리워지기 때문이다. 쿠로시오 해류는 왜 맑은 것일까? 그 이유는 수온이 높은 난류暖流이기 때문이다. 수온이 높으면 증발이 잘 되기 때문에 염분은 증가하고 물에 녹아 있던 산소는 공기 중으로 날아가버린다. 산소가 적은 물은 플랑크톤의 번식이 제한되므로 그만큼 투명해진다. 이는 녹조류 플랑크톤이 많은 물이 녹색을 띠는 것과 대조적인 현상이다. 쿠로시오의 '시오しお'에는 소금이라는 뜻도 담겨 있다.

7
영양가 높은 바다가 따로 있다

밥 먹으러 남극 가자

적도의 바다에서 태어나 이제 겨우 6개월 된 아기 고래는 배가 고프다. 엄마 젖을 빨아도 나오는 게 별로 없다. 입을 벌려 바닷물을 흠씬 들이켜보지만 적도의 바닷물은 영양가가 별로다.

밥 먹으러
남극 가자~

엄마~
배고파~

엄마 고래는 남극의 바다로 돌아갈 때가 되었다고 생각했다. 적도의 바다에는 천적이 없어서 새끼를 기르기에는 수월했다. 그러나 늘 배가 고팠다.

남극의 바다에서는 입만 벌리면 먹을 것이 우수수 쏟아져 들어오곤 했다. 크릴새우 무리가 입속에서 팝콘처럼 폴짝폴짝 튈 때 밀려오던 그 행복감이란….

이제 새끼를 데리고 여행길에 오를 때가 되었다.

"고돌아, 밥 먹으러 가자."

"응? 엄마, 어디로?"

"남극."

"남극? 얼마나 가야 하는데?"

"8,000킬로미터."

적도의 바다는 맑고 푸르다. 그렇지만 산소가 부족하고 영양염도 부족하다. 당연히 플랑크톤이 적기 때문에 다른 바다에 비해 물고기도 적은 편이다.

남극 주변의 바다는 식물성 플랑크톤, 동물성 플랑크톤, 갑각류가 풍성하다. 물이 차가워서 멸치처럼 허약한 놈들은 견디기 어렵지만, 지방층이 두껍게 발달한 고래나 바다표범, 물개나 펭귄은 문제될 게 없다.

적도의 바다보다 남극의 바다에 먹을 것이 풍부하게 들어 있는 까닭은 무엇일까?

해양 3층 구조와 영양염

물에 녹아 있는 산소를 용존산소dissolved oxygen라고 한다.

'물에 녹아 있다'라고 하면 설탕이나 소금이 연상된다. 그래서 어떤 물질이든 온도가 높아야 많이 녹을 것 같은 착각이 든다. 그러나 기체는 설탕이나 소금과는 달리 온도가 낮은 물에 많이 포함될 수 있다. 수온이 낮을수록 물 분자들 사이의 간격이 촘촘해지고 기체를 가두어두는 것이 수월해지기 때문이다. 따라서 더운 물에 비해 찬 물은 용존산소도 풍부하고 이산화 탄소도 풍부하므로 상큼한 맛이 난다.

해수에 녹아 있는 질산염NO₃, 인산염PO₄, 규산염SiO₂은 플랑크톤의 생장에 꼭 필요한 성분이다. 그런데 그 양이 매우 적어서 플랑크톤의 번식을 제한하기 때문에 영양염이라고 한다.(칼륨이나 칼슘은 해수에 비교적 풍부하므로 영양염에 포함시키지 않는다.)

해수는 수온 분포에 따라서 혼합층, 수온약층, 심해층으로 구분한다. 혼합층은 태양열에 가열된 표층의 해수가 바람에 의해 혼합되면서 생긴다. 따라서 혼합층은 바람이 잘 부는 중위도에서 수백 미터로 두꺼워진다. 적도 지역은 바람이 약하기 때문에 혼합층의 두께가 중위도보다 얇다. 햇빛 에너지는 수심 100m 이내에서 거의 전부 바닷물에 흡수되기 때문에 햇빛에 의한 가열은 혼합층에 국한된다. 혼합층 아래로 더 깊이 잠수하면 수온이 급격히 떨어지기 시작하여 수심 1,000m에 이르면 약 4℃가 된다. 이처럼 수온이 급하게 내려가는 층을 수온약층이라고 한다.

1,000m보다 깊은 수심의 바닷물은 모두 4℃ 이하의 물로 채워져 있다. 한대 지방은 물론이고 열대의 바다 속까지 모두 냉장고의 물처럼 차가운 것이다. 이처럼 온도가 낮고 수온이 거의 일정한 심해의 물을 심해층이라고 한다.

적도는 1년 내내 여름철 날씨인데 어찌 그렇게 차가울 수가 있을까? 그 이유는 심층 해류 때문이다. 북대서양 그린란드 주변부와 남극해 주변에서 냉각되어 가라앉은 물이 심층 해류가 되어 적도의 바다 속까지 차갑게 만드는 것이다.

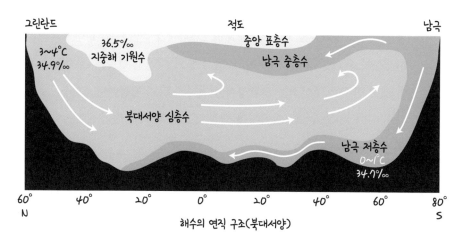

해수의 연직 구조(북대서양)

심층수는 맛있는 이온 음료

용존산소를 영어 약자로 표기할 때는 DOdissolved oxygen라고 쓴다. 1기압에서 20℃의 물의 최대 DO값포화농도은 약 9ppm[15]이고, 4℃의 물은 약 13ppm이다. 그러므로 조건만 좋다면 차가운 한대의 바닷물에는 열대의 바다보다 적어도 30% 이상의 많은 용존산소가 녹아들어갈 수 있다.

해양학자들의 조사에 의하면, 바다 표면의 DO는 포화량에 거의 근접해 있다. 그 이유는 대기 중의 산소가 물에 녹아 들어가고 광합성을 하는 식물성 플랑크톤이 산소를 뿜어내고 있기 때문이다. 따라서 수온이 높은 열대의 바다에 비해서 수온이 낮은 한대 해양의 표층에 용존산소가 풍부하다.

그런데 바다 표면에 풍부한 용존산소는 수심 100m 정도까지만 유지될 뿐이고 수심이 깊어질수록 급격히 감소하여 수심 1,000m 정도에서 최솟값으로 떨어진다. 100~1,000m 구간의 수심에서는 미생물의 유기물 분해와 수중생물의 호흡으로 인한 산소의 소비만 있고 산소를 생산하는 광합성이 일어나지 않기 때문이다. 그러나 수심이 1,000m보다 깊어지면 생물 밀도가 급격히 떨어지므로 용존산소량은 다시 증가한다.

표층 해수의 영양염 농도는 거의 0에 가깝다. 플랑크톤이 번식하면서 영양염을 전부 소비하고 있기 때문이다. 그러나 수심이 깊어지면 생물의 시체가 분해되면서 영양염이 축적되므로 영양염은 점차 증가한다. 그러므로 물고기들에게 심층수는 맛있는 이온 음

---

15 ppm: parts per million. 100만 분의 1, 물 1t 중의 1g, 1㎥ 중의 1cc, 물 1ℓ 중의 1㎍.

료라고 할 수 있겠다.

용존산소와 영양염의 함량을 수심에 따라 나타내면 그림과 같다.

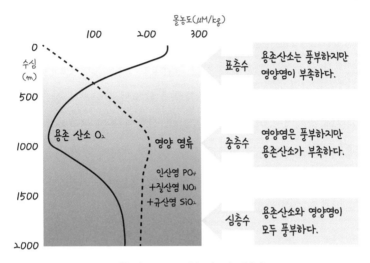

평균 상태 해수의 용존 산소와 영양염

물고기들의 축제가 열리는 수역

광합성을 하는 식물성 플랑크톤의 생장 환경은 수심 100m 이내로 제한된다. 그 이유는 햇빛 에너지가 수심 100m 이내에서 99% 흡수되기 때문이다. 그런데 플랑크톤의 생장에 필요한 영양염은 바다 표면에 거의 없고, 심층수에 풍부하다. 심층수에 풍부한 영양염을 플랑크톤이 쉽게 획득할 수 있는 방법은 없을까?

심해의 물이 표층으로 상승하는 현상을 용승湧昇, upwelling이라고 한다. 용승이 일어나면 영양염도 함께 떠오르게 되므로 플랑크톤의 양도 부쩍 늘어나게 되어 좋은 어장이 형성된다.

그런데 적도 지방은 따뜻한 표층수 밑에 수온약층이 형성되어 있어서 심층수가 상승하는 것을 차단하고 있다. 그럼에도 불구하고 적도의 동태평양 지역은 무역풍에 의해서 심층수가 상승하기 때문에 세계적인 어장으로 손꼽힌다. 이는 동풍인 무역풍의 마찰에 의해 표층의 바닷물이 서쪽으로 밀리기 때문에 일어난다. 동태평양의 수면이 낮아지면 부족한 물을 채우기 위해서 심층수가 위로 떠오를 수밖에 없다. 이를 적도 용승이라고 한다.

동해안에서는 남풍이 불 때 용승이 일어난다. 남풍이 불면 코리올리 효과에 의해 표층의 물이 동쪽으로 이동하기 때문이다. 해안의 서쪽은 육지에 의해 가로막혀 있으므로 표층의 물이 동쪽으로 이동한 경우 심층에서 물이 상승하는 현상이 생기는 것이다. 따라서 남풍이 부는 여름에는 동해안의 심층수가 위로 상승하므로 좋은 어장이 형성될 수 있다. 그렇지만 수온이 내려가면 냉해로 인해 양식업은 피해를 입을 가능성도 있다. 수온 하강에 의해 양식업의 피해를 입었을 때 자연 재해임을 입증하면 지자체로부터 피해 보상을 받을 수도 있으니, 용승에 대해 알아두면 쓸모가 있다. 동해안의 기후가 여름에 서늘한 것도 용승에 의한 영향이 한몫을 한다.

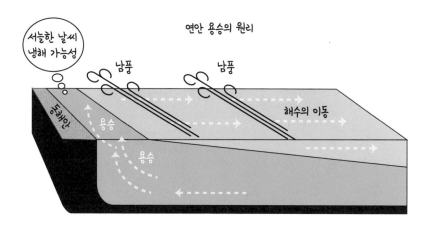

연안 용승의 원리

서늘한 날씨
냉해 가능성

남풍   남풍

해수의 이동

동해안

용승

용승

　한류와 난류가 부딪히는 조경 수역潮境水域은 영양염이 떠오르기 좋은 조건을 갖춘 곳이다. 찬물과 따뜻한 물이 섞이는 과정에서 와류가 발생하고 상하 혼합이 활발해지기 때문이다. 물의 상하혼합이 왕성할 때 해양 생물들은 축제를 벌인다. 산소와 영양염이 풍부하게 공급되는 환경이 조성되기 때문이다.

　동한 난류는 북한에서 내려오는 북한 한류와 만나 섞이면서 조경 수역을 이루며, 쿠로시오 해류도 러시아 캄차카 반도를 지나남하하는 오야시오 해류와 충돌하는 지점에서 조경 수역을 이룬다. 이와 같은 조경 수역은 대서양이나 인도양이나 난류와 한류가 충돌하는 지점에서 모두 형성되어 있는데 특히 심층의 물이 위로상승하는 용승류가 발달하는 곳에서 좋은 어장이 형성된다. 이는 수심이 깊은 곳에 가라앉아 있던 영양염과 산소가 위로 떠오르기 때문에 생기는 현상이다.

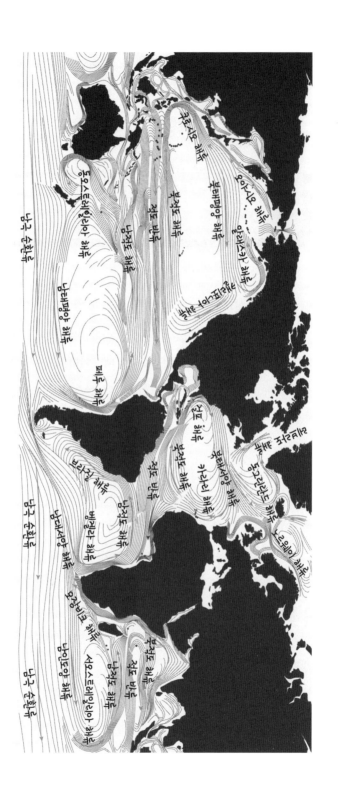

8
라니냐, 매스컴에 현혹되다

불확실한 소문, 라니냐

1998년 8월부터 2000년 4월까지는 라니냐 현상이 강하게 나타났던 시기다. 당시 CNN을 비롯한 미국의 방송들은 자국의 기상청이 분석한 자료를 토대로 그해 겨울이 매우 추울 것이라고 보도

했다. 한국의 매스컴들은 미국 뉴스 방송을 여과 없이 자료 화면으로 재인용하면서 라니냐와 추운 겨울에 대해 맞장구쳤으며, TV 토크쇼에서 연예인들의 입담 소재로 활용되기도 했다.

(모 방송 토크쇼)

- 방송인 P (잘난 척 하며): 올 겨울은 라니냐 때문에 엄청 추울 거예요.

- 아이돌 가수 K (놀라는 표정으로): 라…? 뭐요?

- 방송인 P (한심하다는 듯이 혀를 차며): 공부 좀 하세요. 라니냐도 모르다니! 쯧쯧.

라니냐에 대해 잘 몰랐던 대중들도 방송에서 말하는 대로 믿기 시작했다. 학교 수업 시간에도 질문이 나왔다.

"샘~, 라니냐 때문에 올 겨울이 추울 거라고 하는데요."
"누가 그래?"
"미국 기상청 발표라고 하던데요?"
"저희 집은 벌써부터 김장 준비를 하고 있어요."

어린 학생들의 입에서까지 오르내리는 뉴스를 기업들이 그냥 지나칠 리가 없었다. 겨울 추위가 기정사실처럼 믿어지는 정황 속에서 기업들은 겨울 상품을 미리 준비하기 시작했다. 어떤 모피 전문 회사는 모피 수입을 배로 늘리고 대대적으로 광고했다.

"라니냐의 겨울, 따스한 모피, 서둘러 장만하십시오. ○○모피!"

샘은 학생들에게 말했다.

"미국이 춥다고 한국도 추울까? 내가 보기에 모피 회사 사업 계획은 무모한 것 같다. 동태평양 수온이 낮아지면 서태평양 수온은 올라가는 게 보통이거든. 따뜻한 쿠로시오 해류도 평소보다 강해질 가능성이 높은데, 그러면 오히려 우리나라 겨울은 따뜻할 수도 있어. 눈도 많이 내릴 수 있고…."

샘의 말대로 그해 겨울은 따뜻했고 눈이 많이 내렸다. 통계 수치를 보면 라니냐가 발생한 1998년에는 겨울 기온이 평년보다 1.4℃ 높았고, 1999년 겨울 기온은 0.4℃ 정도 높았다. 아마도 ○○모피는 커다란 손실을 입었을 것이다. 그 겨울 이후로 그 회사의 광고는 방송에서 들을 수가 없다.

샘의 생각은 교과서처럼 단순하게 추론한 것이었다. 그런데 예측대로 된 것이 우연은 아니었을까?

소년 엘니뇨와 소녀 라니냐

라니냐La Niña와 엘니뇨El Niño는 서로 상반되는 현상이다. 라니냐보다는 엘니뇨가 더 자주 발생하기 때문에 엘니뇨 개념이 먼저 생겼다.

엘니뇨는 페루 앞바다에서 크리스마스 전후에 나타나는 수온 상승 현상을 어민들이 '엘니뇨El Niño, 소년, 아기 예수'라고 부르고 있었던 데서 유래한 용어이다. 그래서 20세기 중반까지는 페루 앞바다의 수온 상승을 엘니뇨라고 불렀다. 라니냐La Niña, 소녀라는 용어는 미국의 해양 학자 필랜더S. G. H. Philander가 1985년에 제창하여 사용되기 시작했다.

연구가 더 이루어지면서 엘니뇨와 라니냐는 남방 진동과 연관된 지구적 규모의 현상인 것으로 알려지게 되었다. 남방 진동southern oscillation은 인도양과 남반구 태평양의 기압차에 따른 대기의 동서 순환 패턴을 일컫는 말이다.

태평양에는 Nino1, 2, 3, 4로 구분된 엘니뇨와 라니냐 감시 구역이 있다. Nino1+2는 페루 근처의 좁은 해역(위도 0~5°S, 경도 80°W~90°W)에 해당하고, Nino3은 보다 서쪽의 넓은 지역(위도 5°N~5°S, 90°W~150°W)에 해당한다. 한국의 기상청은 과거 Nino3 해역의 온도 변화를 기준으로 엘니뇨와 라니냐를 공시했지만, 2016년 12

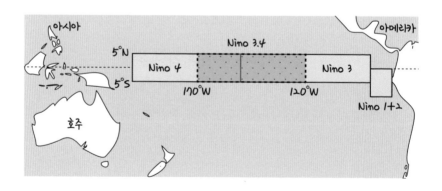

월부터 적용 기준을 바꾸었다.

한국 기상청은 라니냐와 엘니뇨를 다음과 같이 정의한다.

"엘니뇨(라니냐)의 정의: 엘니뇨 감시구역(열대 태평양 Nino3.4 지역. 5°S~5°N, 170°W~120°W)에서 3개월 이동평균[16]한 해수면 온도 편차가 0.5°C이상(-0.5°C 이하) 나타나는 달이 5개월 이상 지속될 때 그 첫 달을 엘니뇨(라니냐)의 시작으로 본다."

-2016년 12월 23일부터 적용

Nino 3.4 구역은 3구역과 4구역 중간 지역인데, 다른 지역보다 수온 변화가 민감하게 나타나는 것으로 알려져 있다. 이 구역에서 0.5℃ 이상의 수온 편차가 5개월 이상 지속되면 엘니뇨 또는 라니냐를 공식 선언할 수 있다.

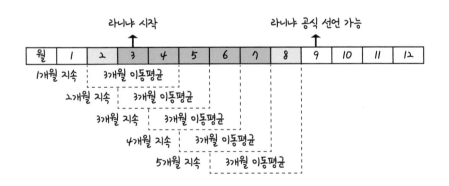

---

16 3개월 이동평균: 해당 월을 중심으로 전월과 익월을 더하여 3개월 평균한 값을 만들고, 1개월씩 이동하면서 계산하는 3개월의 평균값.

미국의 기상청은 한국과 같은 기준을 설정하고 있고, 일본 기상청은 Nino4 구역의 온도 변화를 기준으로 하고 있으며, 호주 기상청은 온도 편차를 0.8℃로 설정하고 3 또는 3.4를 감시 해역으로 설정하고 있다.

약한 바람에 엘니뇨가, 강한 바람에 라니냐가

북동 무역풍과 남동 무역풍은 각각 남·북위 30도에서 적도를 향해 비스듬하게 불어간다. 동풍이 미는 힘은 바닷물을 서쪽으로 움직이게 한다. 태평양의 경우 아메리카 방향에서 아시아와 호주 방향으로 흐름이 형성되는 것이다. 그 흐름은 적도를 대칭으로 하여 두 줄기로 나타난다. 하나는 적도 북쪽을 동에서 서로 흐르는 북적도 해류이고, 또 하나는 적도 남쪽을 동에서 서로 흐르는 남적도 해류다.

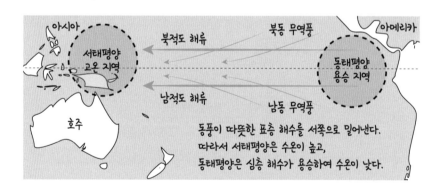

아시아 · 북적도 해류 · 북동 무역풍 · 아메리카
서태평양 고온 지역 · 동태평양 용승 지역
남적도 해류 · 남동 무역풍
호주
동풍이 따뜻한 표층 해수를 서쪽으로 밀어낸다.
따라서 서태평양은 수온이 높고,
동태평양은 심층 해수가 용승하여 수온이 낮다.

서태평양 적도 표면 해수의 온도는 족히 25℃를 상회한다. 그런데 적도의 바다 속으로 잠수하기 시작하면 수온이 곤두박질친다. 햇빛 한 점 들지 않는 심층에는 남극권과 북극권의 바다에서 냉각되어 가라앉아 이동한 물이 떡하니 자리를 잡고 있기 때문이다. 심층 해수의 온도는 가정용 냉장고 온도와 같은 4℃ 내외다.

동풍이 불어서 표층의 따뜻한 물을 아시아와 호주 쪽으로 밀게 되면 동태평양의 수온은 내려간다. 물이 밀려나간 자리로 심층 해수가 용승하기 때문이다. 따라서 동일 위도에서 평상시 동태평양의 수온은 서태평양보다 낮다.

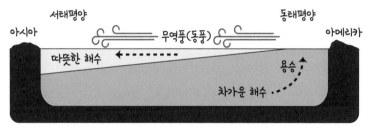

평상시의 상태: 동태평양 수온이 낮음

어떤 이유 때문에 무역풍이 불지 않거나 약해지는 경우가 생기기도 한다. 그렇게 되면 서태평양에 모여 있던 물이 동쪽으로 되돌아가면서 동태평양의 수온이 평상시보다 높아지는데, 이것이 엘니뇨다.

동태평양의 수온이 평소보다 1~2℃만 상승해도 수중 생태계에

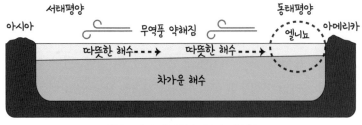

엘니뇨 상태: 동태평양 수온이 상승함

는 커다란 혼란이 일어난다. 1~2°C가 별것 아닌 것 같지만, 플랑크톤의 번식이나 알의 부화에는 큰 영향을 미치는 온도다. 사람도 체온이 그 정도 오르면 병원에 가야한다. 따라서 엘니뇨가 발생하면 플랑크톤은 삽시간에 줄어들고 해수에 녹아 있는 산소의 양도 줄어들게 된다. 김빠진 사이다처럼 밍밍한 바다가 되는 것이다. 이런 상태가 수개월 이상 지속되면 잘 잡히던 물고기도 사라지게 되며 상위 생태계에도 연쇄적인 영향을 준다. 물개와 물범 수천 마리가 굶어 죽는 일이 생기는가 하면, 수산업에도 큰 타격이 생긴다. 그로 인해 에콰도르와 페루에는 수만 명의 실직자가 생겼고, 범죄율도 증가했다는 연구 결과가 보도된 적이 있다.

엘니뇨는 수중 생태뿐만 아니라 구름 발생 지역도 달라지게 하므로 홍수, 가뭄, 폭염 등의 이상기상을 일으킨다. 아울러 산불이나 전염성 질병을 자주 발생시키기도 한다.

라니냐는 엘니뇨와 반대되는 현상으로 무역풍이 강해질 때 발생한다. 동풍이 강해지면 더운 해수가 서태평양에 더욱 치우치게 되므로 동태평과의 수온 격차는 커진다. 라니냐 또한 정상 상태가 아니므로 생태계 환경에 악영향을 주고 기상이변도 뒤따르니 좋을 게 없다.

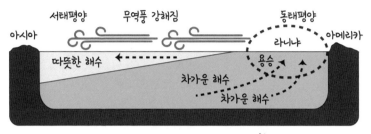

라니냐 상태: 동태평양 수온이 더 낮아지고 확장됨

그런데 라니냐 때문에 동태평양 근처의 대륙인 아메리카 겨울이 추울 수는 있지만, 아시아의 겨울이 추울 것이라는 해석은 옳지 않다. 풍속이 크면 전체적인 해류의 흐름도 빨라진다. 따라서 쿠로시오 해류의 영향을 크게 받는 한국과 일본의 기온은 오히려 따뜻해질 가능성이 높고, 강수량도 증가할 수 있는 것이다.

라니냐와 겨울 기온은 상관이 없다

다음 그림은 수온 변동 분석을 통해 나타낸 엘니뇨와 라니냐 수온 편차와 우리나라 겨울 평균 온도를 비교한 것이다.

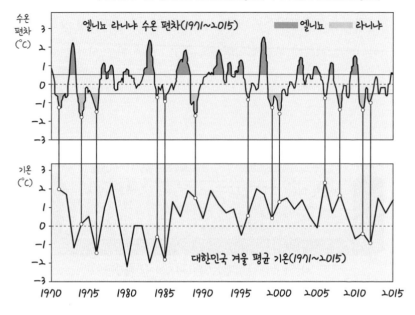

(자료 출처: 기후 정보 포털 www.climate.go.kr, 국가지표통계 www.index.go.kr)

두 그래프를 비교해보면 라니냐가 나타났던 해 한국의 겨울은 따뜻할 때도 있었고 추울 때도 있었음을 알 수 있다. 그러므로 당시 추운 겨울을 예고했던 방송들은 미국 뉴스를 직수입하여 호들 갑을 떤 셈이다. 그렇다고 교과서가 설명하는 경향대로 된 것도 아니었다. 관측 자료는 라니냐 때문에 한국의 겨울이 춥다거나 덥다거나 판단할 수 없다는 사실을 확인시켜 준다.

라니냐와 겨울 기온의 정량적 관계는 상관계수가 말해준다. 1970년 이후부터 2015년까지 라니냐가 나타났던 해의 수온 편차의 평균값과 겨울 기온과의 상관계수는 +0.006이었다. 상관계수가 0에 근접하므로 둘 사이에는 별 상관이 없다는 뜻이 된다.

겨울 강수량과 겨울 기온의 관계는 어떨까? 아래 그래프는 겨울 강수량과 기온의 연동을 보여주는데, 겨울 기온이 높을 때 겨울 강수량도 많은 편이었다. 상관계수는 +0.442였다.

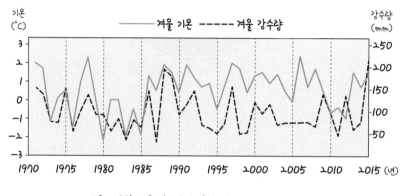

겨울 기온과 겨울 강수량의 상관 관계는 +0.442

9
풍향을
알고 날자

알았더라면 떴을 텐데

TV 생방송 중계 화면에 헬멧을 쓰고 나온 라이더는 씩씩했다.

"잠시 뒤 63빌딩 꼭대기에서 행글라이더를 타고 뛰어내릴 예정

인데요, 자신 있으십니까?"

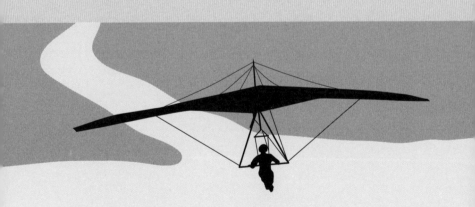

중계 기자의 질문에 라이더는 손바닥을 들어 풍향을 가늠하면서 말했다.

"네, 바람의 속력이나 방향도 딱 좋아요. 자신 있습니다."

야산에서 연습하며 갈고닦았던 실력을 도심에서도 멋지게 펼쳐 보이리라. 예상대로 성공하면 아마도 전국구 스타가 될 것이다. 라이더는 옥상으로 가는 엘리베이터에 올랐다.

그런데 63층 옥상에 도착한 라이더는 당황하지 않을 수 없었다. 어느새 풍향이 변해 있었고 풍속도 아까보다 빨라져 있었기 때문이었다. 이 상태에서 뛰어내리면 목표한 고수부지로 비행할 수가 없고, 아마도 아파트 밀집 지역으로 떨어질 것이었다. 생중계는 잠시 연기되었다.

30분 후, 방송은 다시 63빌딩 앞에 대기하고 있던 중계차를 연결했다.

"네, 이번에는 가능할 수 있을 듯합니다. 이제 그녀가 다시 빌딩 꼭대기로 이동하여 2차 시도를 하겠습니다. 시청자 여러분 기대해주십시오."

그러나 2차 시도 역시 이루어지지 못했다. 63빌딩 꼭대기의 풍향과 풍속이 여전히 적절하지 않았기 때문이었다. 생방송에 실패한 라이더는 속상했다. 베테랑으로서의 자부심에도 금이 갔다.

라이더는 궁금했다.

'지상에서는 분명 알맞은 풍향이었는데, 올라가니까 많이 달랐

어. 산에서 글라이딩 연습할 때는 그런 적이 별로 없었는데, 참 이
상하다….'

풍향이 생각했던 것과 달랐던 이유는 무엇일까? 바람에 어떤
비밀이 숨겨져 있는 것일까?

풍향 제대로 알기

풍향은 바람이 불어오는 쪽의 방위를 뜻한다. 즉 머리칼이 뒤로
날리도록 바람을 정면으로 응시했을 때, 자신이 바라보는 시선의
방향이 풍향인 것이다.

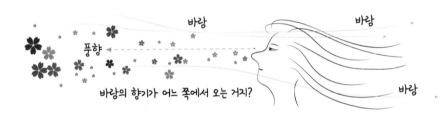

바람에 꽃향기가 실려 온다고 상상해도 좋다. 북풍이 분다면 향
기는 북에서 남으로 이동할 것이고, 남풍이 분다면 남에서 북으로
향기가 이동할 것이다. 그러므로 향기 입자가 이동하는 방향과 풍
향은 반대인 셈이다.

풍향은 16방위로 나타낸다. 동서남북 4방위, 북동·북서·남동·

남서 4방위, 그리고 서북서, 북북서, 북북동, 동북동 등과 같이 사이사이에 해당하는 방위를 조합하는 것이다. 방위를 조합할 때는 북동풍NE, 남서풍SW처럼 북N이나 남S을 먼저 쓰고, 동E이나 서W는 뒤에 쓰는 것이 기상청의 공식적 표기법이다.

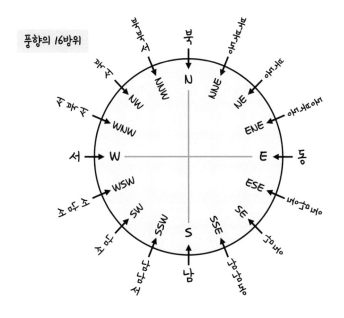

풍향의 16방위

바람을 일으키는 힘, 바꾸는 힘

기압차가 있을 때, 공기는 기압이 높은 곳에서 낮은 곳으로 이동하려는 힘을 받게 된다. 그 힘을 기압 경도력이라고 한다. 기압 경도력은 기압차에 비례하는 힘이다. 만약 공기 덩어리에 기압 경도력만 작용한다면 바람은 고기압에서 저기압을 향해 곧장 불어

가게 될 것이다. 그러나 지구 자전 효과에 의해 발생하는 전향력코리올리 효과에 의해 바람은 직진하지 못하고 북반구에서는 오른쪽으로 남반구에서는 왼쪽으로 휘어지게 된다.

기압경도력은 고기압에서 저기압을 향해 수직 방향으로 작용한다. 전향력은 풍속에 비례하여 커지며 북반구에서 오른쪽(남반구에서는 왼쪽) 직각 방향으로 작용한다. 그러므로 바람의 방향은 점차 휘어지게 되고, 결국에 바람은 등압선과 평행한 방향으로 불게 된다. 이와 같은 바람을 지균풍地均風이라고 한다.

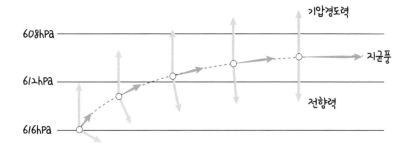

지균풍이 부는 고도는 적어도 1km 이상의 상공이다. 1km 낮은 높이에서는 마찰력(상공 1km 이상의 높이에서는 마찰력이 0인 것으로 간주한다.)이 작용하여 바람의 방향과 속도가 다른 양상으로 나타나기 때문이다.

고도 1km 이하의 높이에서 마찰력이 작용하는 바람을 지상풍이라고 한다. 마찰력은 풍향의 반대 방향으로 작용하기 때문에 풍속을 감소시킨다. 풍속이 감속하면 풍속의 크기에 비례하는 힘인 전향력의 크기도 줄어든다. 따라서 기압경도력이 가장 큰 힘이 되기 때문에 바람은 고기압에서 저기압을 향하여 등압선을 비스듬히 가로지르며 불게 된다.

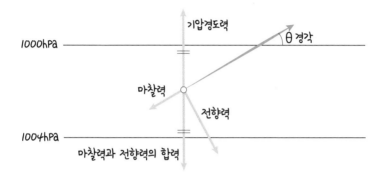

지상풍이 등압선과 이루는 각도를 경각傾角이라고 한다. 마찰력이 작용하지 않으면 경각이 0이므로 경각(θ)은 마찰력의 크기에 비례하는 힘인 셈이다. 지상에서 상공으로 갈수록 마찰력은 감소하므로 경각도 그에 따라서 연속적으로 작아지며 풍속이 증가한다. 그러므로 북반구의 지면 근처에서 남서풍이 불고 있다면 상공으로 가면서 점차 서풍으로 바뀐다.

고도에 따른 바람의 방향과 속도를 그림으로 나타내면 다음과 같다.

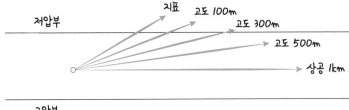

고도가 높아질수록 시계 방향으로 풍향이 바뀌는 것은 북반구일 경우이다. 남반구에서는 전향력이 왼쪽 방향으로 작용하기 때문에 풍향은 고도가 높아질수록 반시계 방향으로 바뀐다. 이와 같은 원리를 이해하고 있으면 풍선을 띄우거나 열기구를 타고 비행을 하는 경우에도 많은 도움이 될 수 있다.

도시의 골목 바람, 난류

63빌딩 꼭대기의 풍향이 지상에서의 풍향과 달랐던 이유를 단순히 시계 방향으로 변하는 풍향 때문이라고 생각하면 그만일까? 도시는 마찰력이 일정한 매끈한 평면이 아니기 때문에 대기 운동은 상당히 복잡하게 나타날 것이므로 실제 지면에서의 풍향을 아는 것은 불가능하다. 쉽게 말해서 골목마다 풍향이 다른 것이다. 지면의 요철이 심할수록 바람은 매우 어지럽게 나타나는데, 이처럼 지면에서 불규칙하게 나타나는 바람을 난류亂流라고 한다.

난류가 어느 정도 높이까지 나타나는지를 눈으로 보고 싶으면

연을 날리면 된다. 낮은 높이에서 나는 연은 요란하게 이리저리 흔들리지만, 높이 나는 연은 고고한 학처럼 흔들림이 없다.

난류와는 달리 일정한 흐름을 보이는 바람을 층류라고 한다. 층류가 나타나는 높이는 지면의 상태에 따라서 달라진다. 풍향을 이용하는 사업이나 활동은 층류가 나타나는 고도와 방향을 제대로 파악해야 과업을 제대로 수행할 수 있다.

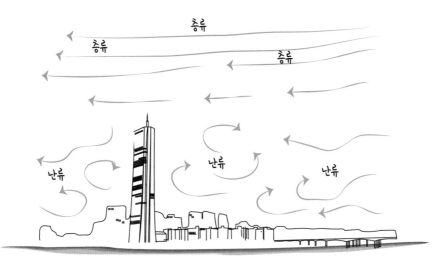

그냥 맨땅이네요?

너른 마당에 대청마루와 안채, 사랑채에 행랑채까지 딸린 집에서 살아보는 것이 평생의 소원이었던 박 노인은 꿈에 그리던 전통 한옥을 짓기로 했다. 아들과 며느리, 손자들도 함께 살 집이다. 며

느리는 현대식 전원주택을 더 좋아했으나 시아버지의 뜻에 따르기로 하고 한 가지 요청을 했다.

"아버님, 저는 안마당[17]에 예쁜 정원을 꾸몄으면 해요. 향나무도 심고 벗나무도 심고 화초도 기르고 싶거든요."

아들이 맞장구를 치며 거들었다.

"기왕이면 작은 연못도 만들죠. 잉어 몇 마리 키우면 근사할 것 같은데요."

박 노인은 아들 내외의 요청을 받아들였다.

"너희들이 원하니 그렇게 하자."

박 노인은 건축 설계 사무소에 한옥 설계를 부탁했다. 그런데 2주일 후 설계 사무소에서 보내온 도면에는 안마당이 비워져 있었고, 뒤뜰에 대숲을 조성하는 형태로 되어 있었다. 박 노인 식구들은 도면을 보면서 불만 섞인 목소리로 한마디씩 했다.

"안마당에 연못과 화단을 조성해달라고 주문했는데, 왜 아무 표식도 없는 거지?"

"그냥 맨땅이네요?"

"이 사람들이 아주 일을 대충하는 거 같은데?"

박 노인은 설계사무소장에게 전화를 걸어 따졌다.

"소장님, 제가 앞마당에 정원과 연못을 설계해달라고 부탁했지

---

17 안채에 있는 앞마당.

요?"

"네, 저희 직원에게 전해 듣기는 했습니다만, 전통 한옥의 안마 당에는 원래 아무 것도 심지 않습니다. 집안을 환하게 만들기 위 해서 백토를 까는 경우는 있어요."

박 노인은 '원래 그렇다'라는 소장의 답변이 언짢아서 언성을 높였다.

"이보소! 원래 그러니 꼭 그렇게 하라는 법이라도 있소?"

"아, 어르신. 꼭 그런 건 아닙니다만…. 그게 말입니다…."

당황한 소장이 말끝을 흐리자 박 노인은 잘라 말했다.

"내일까지 도면 다시 그려오시오. 그때도 마음에 안 들면 계약 은 없던 일로 하겠어요."

"어… 어르신."

공기 순환을 이해하기 위한 기초 지식

· **고기압**: 주변보다 상대적으로 기압이 높은 지역.

· **저기압**: 주변보다 상대적으로 기압이 낮은 지역.

· **바람**: 수평 방향으로 이동하는 공기의 흐름. 바람은 고기압에 서 저기압을 향해 불게 된다.

· **기류**: 상하 방향으로 이동하는 공기의 흐름. 상승 기류, 하강 기 류로 구분할 수 있다.

· **산곡풍**: 산간 지방에서 낮과 밤의 풍향이 뒤바뀌어 나타나는

바람으로 낮에는 골바람, 밤에는 산바람이 분다.

· **해륙풍:** 해안 지방에서 낮과 밤의 풍향이 뒤바뀌어 나타나는 바람으로 낮에는 해풍이 불고 밤에는 육풍이 분다.

기압과 공기 흐름의 원리

밀폐된 용기를 가열하면 공기 입자의 운동 속도가 빨라지면서 용기 벽면에 충돌하는 힘이 증가한다. 공기가 용기 벽면에 충돌하는 힘을 단위 면적당의 힘으로 나타낸 것이 곧 기압이다.

그런데 용기의 뚜껑을 열고 가열하는 경우에는 사정이 달라진다. 공기 입자들이 용기 밖으로 탈출하기 때문이다. 탈출하는 공기 입자가 많으면 용기 내부의 공기 밀도가 떨어지게 된다.

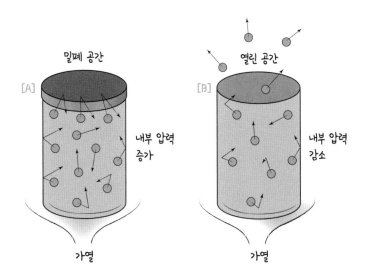

지구 대기권은 우주를 향해 열려 있는 공간이다. 따라서 지면의 가열로 뜨거워진 공기 덩어리는 [B]의 경우처럼 공기의 밀도가 낮아지게 된다. 밀도가 낮은 공기 덩어리는 가볍기 때문에 하늘로 상승하게 되는데, 이 경우 발생하는 공기의 흐름이 상승 기류이다. 상승 기류에 의해 공기 밀도가 떨어진 지역은 점차 기압이 낮아지므로 저기압 상태가 된다.

공기 덩어리가 냉각되는 경우에는 앞서의 과정과는 반대의 현상이 일어난다. 냉각된 공기 입자들의 평균 운동 속도는 느려지며 부피가 수축하게 되므로 공기 밀도가 증가하여 무거워진다. 무거워진 공기는 지면을 향해 가라앉게 되는데 이때 나타나는 공기의 흐름이 하강 기류이다. 하강 기류가 발달하면 지상은 고기압 상태가 된다.

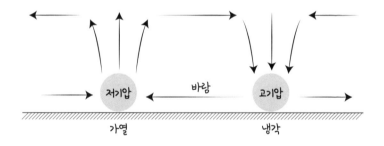

전통 한옥의 통풍 원리

전통 한옥은 가열과 냉각의 순환 원리에 따라 알맞은 조경을 함으로써 통풍과 냉방이 잘 이루어지도록 했다. 국토교통부가 편찬한《한옥 설계의 원리와 실무》에는 이와 관련한 내용을 다음과 같이 설명하고 있다.

"전통 한옥에서는 안마당을 비워두며 담장에 붙여 작은 화목이나 초화류를 심어 주택의 일조와 통풍을 확보하는 것이 특징이었다. 주택의 뒤뜰 바깥으로는 대나무와 소나무를 군식하여 방풍을 꾀한다. 이러한 방식으로 조경을 하면 안마당의 기온이 뒤뜰보다 높아 안마당에서는 한낮에 상승 기류가 형성되며, 뒤뜰에서 대청을 거쳐 안마당으로 시원한 바람이 이동한다. 전통 한옥에서 여름을 시원하게 날 수 있는 것은 한옥을 이루는 채·마당·담 등의 요소가 지역의 미기후微氣候, micro climate 조건을 고려하여 열 환경에 유리하도록 디자인되었기 때문이다."

상승 기류

햇빛 가열

신선한 공기

숲은 대지에 비해 온도 변화의 폭이 작다. 숲이 낮에는 그늘을 드리워 시원하게 만들고 밤에는 공기를 품어 보온하기 때문이다. 대숲은 그와 같은 역할을 하는 데 적격이다. 여름의 한낮에는 안마당이 가열되어 상승 기류가 생기므로 대숲의 선선한 공기가 대청마루를 지나 안마당 쪽으로 이동하게 된다. 전통 한옥의 안마당에 나무를 심지 않은 이유는 바로 이와 같은 공기 순환의 원리를 활용하기 위한 것이라고 할 수 있다.

밤낮으로 바뀌는 산곡풍과 해륙풍

북으로 산을 등지고 남으로 물이 내려다보이는 배산임수背山臨水의 지형은 예로부터 살기 좋은 마을의 터로 손꼽힌다. 물이 흐르는 들판에 농사를 짓고 산에서 나무와 열매를 얻을 수 있는 이점이 있기도 하거니와, 산이 북쪽의 찬바람을 막아주는 벽의 역할도 하는 때문이다. 또한 산과 들, 물이 잘 어우러진 지역은 산곡풍이나 해륙풍이 발달함으로써 공기의 순환이 잘 일어난다.

산곡풍山谷風은 낮밤에 따라서 풍향이 변하는 중규모의 대기 순환 시스템이다. 낮에는 햇빛에 의해 산비탈이 먼저 가열되면서 상승 기류가 발생하므로 골짜기에서 정상 쪽으로 곡풍谷風, 골바람이 분다. 그러나 해가 지고 밤이 되면 산비탈이 빠르게 냉각되면서 공기가 수축하여 무거워지므로 산 정상에서 골짜기 쪽으로 산풍山

風, 산바람이 불게 된다.

한여름 뜨거운 햇빛이 해변을 달구면 백사장의 모래는 맨발로 딛기가 어려울 정도로 뜨거워지기도 한다. 그렇지만 불과 몇 미터 밖에서 출렁이고 있는 바닷물의 온도는 그다지 높지가 않다. 그늘도 없는 바다 표면의 온도가 육지의 온도보다 낮은 것이다. 햇빛은 육지나 바다나 똑같은 세기로 들어오는데 온도가 다른 까닭은 무엇일까? 이런 현상은 육지와 바다를 이루는 구성 물질이 다르기 때문에 발생한다.

육지(대륙)는 화강암질 암석으로 이루어져 있다. 화강암은 1g당 약 0.2cal의 열만 가해지면 1℃ 상승한다. 암석이나 토양은 고체이므로 물처럼 대류를 통해 열을 전달하지 못하고 전도에 의해서 열이 전달된다. 그런데 암석이나 토양의 열전도율은 매우 낮기 때문에 지표가 흡수한 열을 아래로 전달하기는 매우 어렵다. 그러므로 지표는 냄비처럼 쉽게 뜨거워지고 쉽게 식는 성질을 갖는다.

바다는 물이 주성분이다. 물 1g을 1℃ 올리려면 1cal의 열이 가해져야 한다. 또한 바닷물은 파도에 의해 뒤섞이면서 표면의 열을

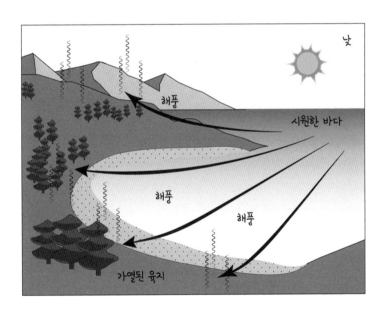

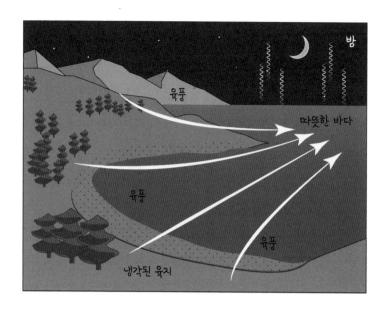

아래로 전달한다. 따라서 어떤 지역 바다 표면의 온도가 1℃ 상승하려면 많은 열량이 투입되어야 하며 시간도 오래 걸린다.

바다와 육지는 구성 물질이 다르고 열전달 방법에서도 차이가 있기 때문에 육지의 일교차가 10℃ 이상 되는 날에도 바다 표면의 수온 변화는 1℃ 내외로 매우 작다. 그러므로 통상적으로 낮에는 육지의 기온이 높고 밤에는 바다 쪽의 기온이 높다. 이로 인해서 해안 지역에서 낮에는 바다에서 육지 쪽으로 해풍이 불고 밤에는 육지에서 바다 쪽으로 육풍이 불게 되는데, 이와 같은 중규모의 대기 시스템을 해륙풍이라고 한다.

11
꿉꿉한
날씨의 비밀

4월 5일, 민정이의 일기.

소나기는 상쾌한데, 부슬비는 꿉꿉해.

오늘은 식목일이다. 어제 밤새도록 비가 내렸지만 아침에는 구름이
걷히고 비도 그쳤다. 오전에 반 친구들과 나무를 심으러 학교 뒷산에

갔다. 후덥지근하니 이마에 땀이 났다. 일기예보에서 오늘 낮 기온은 20°C라고 했는데, 입은 옷이 눅눅해서 불쾌했다. 그렇지만 땅이 젖어 있어서 나무 심기에는 좋았다.

저녁 무렵에 서쪽에서 먹구름이 몰려왔다. 학교식당에서 저녁 급식을 먹고 나오는데 소나기가 쏟아졌다. 물방울이 튈 정도로 세차게 쏟아져서 우산을 썼는데도 바지가 다 젖었다.

밤 9시에 야간 자습을 마치고 집에 가려고 나오니 더 이상 비는 오지 않았다. 선선한 바람이 불어와서 기분이 상쾌했다. 서쪽 하늘에 반쪽 달님이 환하게 빛나고 있었다.

민정이의 일기처럼 가는 비가 오랫동안 내린 뒤에는 꿉꿉하여 불쾌한 느낌이 드는 경우가 흔하다. 이처럼 꾸물꾸물한 날씨에는 어르신들 신경통도 더 심해진다. 하지만 수직으로 솟은 시커먼 구름이 몰려와 한바탕 세차게 소낙비가 퍼붓고 지나간 뒤에는 오히려 개운한 느낌이 들 때가 많다. 이와 같은 차이는 단지 기분 탓일까? 아니면 다른 이유가 있는 것일까?

날씨의 비밀을 알기 위한 기상학 기초 지식

· **저기압**(지상 일기도에서의): 해발 고도 0인 면에서 수평 방향으로 비교했을 때 주위보다 공기 압력이 낮은 지역.

· **고기압**(지상 일기도에서의): 해발 고도 0인 면에서 수평 방향으로

비교했을 때 주위보다 공기 압력이 높은 지역.

· **기단**: 공기의 온도와 습도가 거의 균질한 수평 규모 1,000km 이상의 공기 덩어리.

· **전선면**: 찬 기단과 더운 기단의 경계면.

· **전선**: 전선면이 지면에 닿은 곳.

  - 한랭 전선: 찬 기단이 더운 기단을 밀어가는 전선.

  - 온난 전선: 더운 기단이 찬 기단을 밀어가는 전선.

· **층운**: 층을 이루는 납작한 형태의 구름.

· **적운**: 뭉게뭉게 수직으로 솟는 형태의 구름.

· **권운**: 높은 하늘의 실구름, 새털구름 형태의 구름.

변덕스러운 날씨에도 패턴이 있다

일기예보에서 다루어지는 저기압·고기압의 개념은 수천 킬로미터 범위의 수평 규모를 가지는 경우에 해당한다. 그러므로 저기압·고기압의 시스템을 이해하려면 거인의 눈으로 지구를 내려다보아야 한다.

다음 그림은 2018년 3월 4일의 일기도이다. 찬 공기의 거대한 한랭 고기압(H) 세력은 대륙을 장악하고 있고, 더운 공기가 쌓여서 만들어진 해양성 온난 고기압(H)은 북태평양에 주둔하며 세력을 키우고 있다. 대륙과 해양의 경계선에 있는 한국과 일본, 캄차

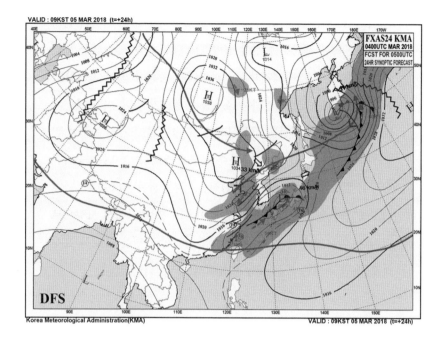

카 반도 일대에는 온대 저기압이 발달하여 구름이 끼고 곳곳에 비가 내리는 중이다.

　북쪽의 찬 공기를 '북군', 남쪽의 더운 공기를 '남군'이라고 하자. 북군은 남하하려고 하고, 남군은 북진하려고 한다. 그런데 지구는 빠르게 회전하는 무대와 같다. 회전하는 무대 위에서 진행하는 물체는 코리올리 효과[18]가 생기므로 북군과 남군의 진격 방향

18　본서 6장 61쪽의 바람과 해류를 조종하는 코리올리 효과 참조.

은 각각 오른쪽[19]으로 휘어지게 된다. 그 결과 북군은 자신의 진행 방향 오른쪽에 해당하는 서쪽 방향으로 밀고 내려오고, 남군은 동쪽 방향으로 밀고 올라간다. 이 과정에서 중간에 놓인 저기압(L)은 반시계 방향으로 회전하는 소용돌이 형태가 된다. 이때 북군과 남군이 대치한 경계선을 전선이라고 하는데, 찬 공기인 북군이 밀고 내려오는 서쪽의 전선을 '한랭 전선'이라고 하고, 더운 공기인 남군이 밀고 올라가는 동쪽의 전선을 '온난 전선'이라고 한다. 일기도에 전선을 표시할 때에는 깃발이 나부끼는 철책선 모양으로 그린다. 한랭 전선은 긴 선에 뾰족한 삼각형 깃발을 붙여서 표시하고, 온난 전선은 둥근 깃발을 붙여서 표시한다.

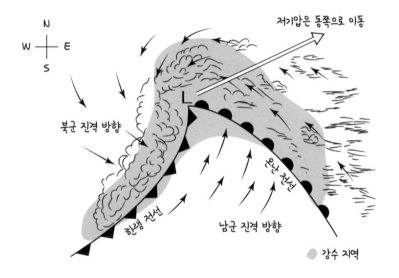

---

19 남반구에서는 왼쪽으로 휘어진다.

저기압을 입체 상태로 보면 전선은 전선면이 된다. 전선면에서는 찬 공기가 더운 공기를 냉각시키게 되므로 구름이 발생한다.(목욕탕 내부의 더운 공기가 환기구를 통해 빠져 나오면서 외부의 찬 공기와 접촉하면 하얀 김으로 변해서 무럭무럭 피어나는 원리와 같다.) 온대 저기압을 동서로 자른 단면도는 다음과 같다.

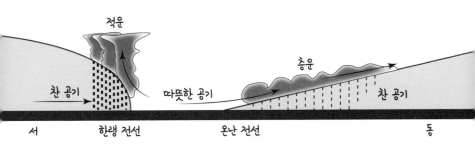

온난 전선면에서는 남군이 북군을 밀어가지만, 더운 공기는 가볍기 때문에 찬 공기를 미는 일이 다소 버겁다. 따라서 온난 전선면은 이동 속도(10~25km/h)가 느리고 기울기도 완만해진다. 기울기가 완만한 온난 전선면에서는 납작한 담요처럼 넓은 지역을 덮는 층운層雲 구름이 주로 만들어진다. 층운은 두께가 얇기 때문에 구름에서 만들어지는 빗방울의 크기도 크지 않다. 따라서 온난 전선면이 지나가는 지역에서는 가는 비가 장시간 내리게 된다.

한랭 전선면에서는 찬 공기가 불도저처럼 밑으로 파고들기 때문에 온난한 공기는 전선면 위로 가파르게 상승하면서 뒤로 밀린다.

따라서 한랭 전선의 이동 속도(25~35km/h)는 빠르며, 전선면에서는 구름이 수직으로 뭉게뭉게 피어오르며 두껍게 발달한다. 수직으로 발달하는 적운積雲이라고 하며, 강한 비와 천둥 번개를 동반하는 대형 구름은 적란운積亂雲이라고 한다. 한랭 전선의 이동 속도는 빠르기 때문에 굵은 비는 오래 내리지 않는 것이 일반적이다.

한랭 전선의 이동 속도가 온난 전선보다 빠르므로 결국에는 두 전선이 하나로 합쳐져서 폐색 전선이 된다. 폐색閉塞은 공기의 흐름이 폐쇄되어 막혔음을 의미한다. 따라서 상승 기류가 멎고 주위와의 기압차가 해소되면서 저기압도 차츰 소멸하게 된다.

서   폐색 전선   동

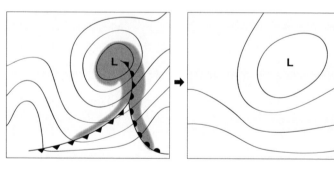

온한랭 전선의 이동 속도가
빠르기 때문에
온난 전선을 추격하여 합쳐지게 된다.

찬 공기와 더운 공기가 섞이며
에너지를 교환한 후, 기압차가 해소되며
저기압은 점차 소멸한다.

기압 변화에 따른 세포의 변화

　지표면의 평균 기압은 1기압이다. 1기압은 약 1kg(≒1033.6g)의 물체가 1cm²의 면적을 내리누르는 힘과 같다. 우리가 그 힘을 평소에 느끼지 못하는 이유는 인체 내부의 압력이 그와 동일하게 밖으로 작용하고 있기 때문이다. 1기압의 압력이 얼마인지를 대략이라도 느끼고 싶다면 길이 1.3미터 정도의 철근 막대를 세로로 세워서 이마 위에 올려놓아보면 된다. 바다나 호수에서는 10m씩 잠수할 때마다 1기압씩 증가한다. 때문에 잠수부들은 심한 압박감을 느낀다. 잠수하고 물 밖으로 나올 때 압력 변화에 의해 고막이 터질 수도 있고, 압력에 의해 혈액 속의 질소 농도가 높아져서 잠수병으로 사망할 수도 있다.

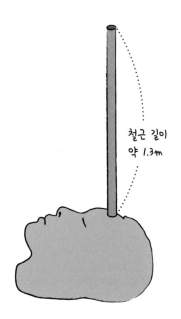

철근 길이
약 1.3m

일기예보에서는 hPa헥토파스칼을 기압의 단위로 사용하고 있다. 1 기압은 1013hPa에 해당하며, 일반적으로 고기압과 저기압의 기압차는 20~40hPa 정도이다.

1hPa의 기압 편차는 결코 작은 것이 아니다. 기압이 1hPa 낮아지면 바다나 호수의 수면이 1cm 정도 상승하기 때문이다. 마찬가지로 기압이 낮아지면 물리학적으로 몸을 이루는 세포와 기관들이 팽창 압력을 받을 것으로 예상할 수 있다.

우리 몸의 세포가 탄력성 없이 비누거품처럼 팽창할 수 있다고 가정하고, 기압이 1024hPa일 때와 996hPa일 때 압력 변화에 따른 세포의 크기를 따져보자. 기압이 30hPa 떨어지면 공기가 세포를 누르는 압력은 약 3%가 감소하므로 세포의 지름이 3% 증가하여 세포의 단면적은 약 6%[20] 증가할 것이다.(부피로는 약 9% 증가)

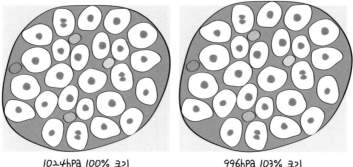

1024hPa 100% 크기   996hPa 103% 크기

---

[20] 세포의 단면적을 원이라고 가정하고, 세포의 반지름이 100에서 103으로 늘어나면 단면적은 $\pi 100^2(=10000\pi)$에서 $\pi 103^2(=10609\pi)$가 되므로 약 6% 증가.

물론 몸은 피부로 감싸여 있고 세포 세포막으로 감싸여 있어서 3%의 기압 변화를 충분히 견딜 수 있을 만큼 탄력성이 있을 것이다. 그러나 근력이 떨어지고 세포가 노화되어 물렁하다면 문제가 생길 가능성도 배제할 수 없다. 그래서 날씨가 꾸물꾸물 흐린 날에는 신경통이나 관절염, 근육통이 심해지는 것으로 추론할 수 있다.

　병원의 물리치료 기구 중에는 잠수복처럼 생긴 고무 부츠가 있다. 허벅지까지 올라오는 고무 부츠를 착용하고 전원을 올리면 공기 압축 펌프가 수축과 이완을 반복하여 근육과 세포를 조였다 풀었다 반복하면서 피로를 풀어주는 기구이다. 이는 압력 변화가 근육세포에 영향을 주는 일례라 할 수 있겠다. 기압과 신체 변화에 대해 보다 과학적이고 심층적인 연구가 이루어진다면 건강한 삶을 도모하는 데 도움을 줄 수 있을 것이다.

12
온천과
동네 목욕탕의
차이

플라시보 효과밖에 없는데···

온천에 다녀 온 이웃집 아주머니가 한바탕 자랑을 늘어놓으셨다.

"온천물이 얼마나 좋은지 피부가 좋아진 것 같아. 탕에 들어가
는데 유황 냄새가 확 풍기더라구. 약효가 있는지 허리 통증도 훨
씬 덜해. 호호호."

온천은 몸에 좋아~

온천은 몸에 좋아~

온천은 몸에 좋아~

최면을 걸자!

그 자랑을 듣고 온 어머니가 말했다.

"온천이 그렇게 좋다는구나. 꼭 가고 싶은 건 아니지만, 약효가 있다니…."

"어머니도 다녀오세요. 온천도 하시고 맛있는 것도 사드시고."

샘은 어머니를 온천에 보내드렸다. 온천은 대부분 미지근한 우물물에 지나지 않는다는 것을 알면서도 말이다. 혹시 유황 냄새가 많이 난다면 건강에 좋을 것도 없다. 황$_S$은 화약, 성냥, 살균제, 살충제의 재료로 쓰인다. 물에서는 황화이온$_{S^2}$이나 황산이온$_{SO_4^2}$이 되며, 공기 중에서는 황화수소$_{H_2S}$, 이산화황$_{SO_2}$ 기체로 떠돌며 자극적인 냄새를 피운다. 황화수소는 달걀 썩는 냄새, 이산화황은 화약 냄새가 난다. 황화수소와 이산화황은 모두 유독 가스로 분류된다.

온천탕이나 동네 목욕탕이나 특별히 다를 것은 없다. 그렇지만 온천욕을 하면 뭔가 더 특별히 좋을 거라는 믿음을 가진 사람이 있다면, 그 기대를 깰 필요는 없다. 2차 세계대전 때에는 약이 부족해서 군인들에게 가짜 약을 먹이고도 효과를 봤다고 하지 않던가. 샘은 어머니에게 플라시보 효과placebo effect, 위약 효과가 있기를 기대했다.

그런데 기대와는 달리 1박 2일 온천욕을 마치고 돌아온 샘의 어머니는 피부 발진이 생겼다. 온천욕을 너무 오래 했던 것이다.

온천의 법적 기준 온도는 25℃

대한민국 온천법 제2조 1항은 온천을 다음과 같이 규정하고 있다.

"'온천'이란 지하로부터 솟아나는 섭씨 25도 이상의 온수로서 그 성분이 대통령령으로 정하는 기준에 적합한 것을 말한다."

온천을 규정하는 법적 기준 온도는 의외로 낮다. 겨우 25℃라니 대중목욕탕의 냉탕도 그 정도는 되지 싶다. 그러나 지표의 평균적인 온도가 15℃ 내외인 것을 감안하면 10℃ 이상의 차이가 있어야 하므로 아무 데서나 온천물이 나올 수 있는 것은 아니다.

어떤 곳에서 지하수를 시추하여 물의 처음 온도가 25℃인 곳을 발견했다고 가정해보자. 이 경우 온천이 될 실질적 가능성은 얼마나 될까? 겨울에 25℃의 지하수가 뿜어져 나올 때는 김이 모락모락 피어오르기도 한다. 이때 시추를 담당한 일꾼들이 만세라도 부른다면 사람들은 영락없이 온천이 터진 줄 알 것이다. 그러나 아직 막걸리 잔치를 벌이기는 이르다.

하루에 적어도 1,000톤 이상의 물이 쏟아지는 시추공이 두 개이상인 것으로 확인되지 않으면 온천법 시행령 제6조를 만족할수 없기 때문이다. 따라서 충분한 수량이 되는지를 확인하는 과정이 필요하다.

스물네 시간 내내 시추공에서 물이 뿜어져 나온다면 온천장의 주인이 되는 희망을 가져도 될까? 여기에서 다시 한번 딜레마에 빠질 수 있다. 최초 온도 측정에서 25℃일지라도 단순 지열에 의해 가열된 온천수를 뽑아내면 차가운 냉수가 유입되면서 온도가 떨어지기 때문이다.

온천수 성분에 따른 조건도 있다.

"온천법 시행령 제2조. 다음 각 호의 성분 기준을 모두 갖춘 경우로서 음용 또는 목욕용으로 사용되어도 인체에 해롭지 아니한 것을 말한다.

　1. 질산성질소$NO_3\text{-}N$는 10mg/L 이하일 것
　2. 테트라클로로에틸렌C_2Cl_4은 0.01mg/L 이하일 것
　3. 트리클로로에틸렌C_2HCl_3은 0.03mg/L 이하일 것"

시행령 제2조에 제시된 세 가지 독성 물질은 오염된 지하수에서 나오는 성분들이다. 그러므로 온천 개발 지역은 공장이나 목장처럼 오염원이 될 수 있는 시설로부터 가급적 멀리 떨어져야 있어야 한다.

지하수를 뽑았을 때 섭씨 25°가 된다면 시장이나 군수는 해당 지역을 온천으로 고시할 수 있다. 인체에 유해한 성분이 없어야 하고 양도 넉넉해야 함은 물론이다. 그런데 근년에 개발된 한국의

온천들은 대부분 그 온도를 간신히 넘기는 수준이다. 때문에 보일러로 가열하지 않고는 온천탕을 운영하지 못한다.

과거 온천 개발 사례를 보면 극히 드문 경우 60~70℃에 이르는 경우도 있었다. 그러나 그 온도가 몇 년 동안 유지되기는 어렵다. 온천장이 우후죽순 생겨나면 지하수위는 내려가고 심지어 지반 침하가 진행되기도 한다. 온천으로 유명한 모 도시도 오래전부터 지반 침하가 일어나 군수가 연구를 의뢰한 적이 있다.

단층이 있을 때 온천 가능성

땅을 파내려 가면 온도가 상승한다는 것은 광부들이 잘 알고 있다. 그 비율은 지구 어디나 비슷해서 차가운 시베리아 동토에서도 거의 같은 비율로 온도가 상승한다. 그 비율은 대략 2~3℃/100m인데, 이를 지하증온율이라고 한다. 물론 마그마가 늘 솟구치는 하와이 열점hot spot이나 맹렬히 활동 중인 화산들, 아이슬란드나 동아프리카 열곡대裂谷帶, lift valley처럼 종종 마그마가 줄줄 새어나오는 지역은 평균보다 훨씬 높은 지각열류량을 보인다.

만약 어떤 지역에서 지하로 100m 파고들어갈 때마다 3℃씩 증가한다고 가정하면, 지표 평균 온도를 15℃라고 볼 때 330m 정도 깊이에서 25℃에 이르게 된다. 그렇다면 이 깊이에 지하수가 존재하는 경우 온천법이 규정하는 온천이 될 가능성이 있다. 그런데 실제로 시추를 해보면 지하수는 수 미터에서 수십 미터 깊이에만 존재할 뿐 더 깊이 들어가면 딱딱한 암반이 버티고 있다.

　전형적인 지층은 표토, 심토, 모질물, 기반암 네 개의 층으로 구분된다.

토양 단면과 단층

　토양의 최상부 표토에는 낙엽, 동식물의 유해, 배설물 등이 쌓여 분해되어 생긴 유기물이 많이 포함되어 있다. 각종 세균과 애벌레를 비롯하여 지렁이, 땅강아지, 두더지도 사는 곳이다.

　1/256mm 이하 크기의 점토clay나 $1\mu m$ 이하의 콜로이드는 빗물에 섞여서 지하로 침투하여 심토를 만든다. 심토는 표토가 먼저 생긴 후에 고운 입자가 침전하여 만들어지므로 풍화가 오래 진행

되어 성숙한 토양일수록 두꺼워진다.

  심토의 하부로 계속 파고 들어가면 굵은 자갈과 바위 덩어리가 나오기 시작한다. 그 자갈들은 보다 더 깊은 기반암이 깨져서 생긴 것들로 모질물母質物이라고 한다. 모질물이 나오는 깊이는 수 미터 이내일 수도 있고, 수십 미터 정도일 때도 있다. 모질물이 굵어져서 바위 덩어리가 나오기 시작하면 해머로 때리는 방식의 시추는 더 이상 진행하기가 어렵다. 이때부터 시추기는 인조 다이아몬드로 코팅된 파이프 드릴을 장착하고 암반을 뚫는 방법으로 전환한다. 파이프 드릴이 고속 회전하면서 암반을 뚫을 때는 고열이 발생하므로 물을 주입하며 굴착한다. 그렇지 않으면 드릴과 암석이 들러붙어버리기 때문이다.

  단단한 기반암은 물이 스며들기 어렵다. 따라서 지하수는 기반암 위의 모질물과 심토에 머물게 되는데, 지하수가 포함되어 있는 지층을 대수층帶水層이라고 한다.

  지열이 높은 화산 지대에는 노천 온천이 발달하기도 한다. 백두산 천지 주변에도 김이 모락모락 피어오르는 온천이 여러 곳 있다. 그런데 화산섬인 제주도에는 아이러니하게도 온천이 딱 한 곳뿐이고 온도도 낮은 편에 속한다. 그러니 일반적인 지역에서 수십 미터 깊이의 대수층은 온도 미달로 온천이 되기 어렵다. 따라서 단층과 같은 구조가 있어서 기반암이 깊은 곳까지 깨져 있고 그 틈을 따라 지하수가 침투할 수 있어야 온천을 기대할 수 있다.

땅속은 왜 뜨거운 것인가?

지구 중심부는 6,000K[21] 정도로 추정된다. 왜 뜨거운 것일까?

지구 내부 에너지의 첫 번째 열원은 약 46억 년 전 지구 탄생 때로 거슬러 올라간다.

지구는 공전 궤도 주변에 개구리 알처럼 바글바글하던 미행성微行星들을 수천만 년에 걸쳐 통일한 주인공이다. 미행성들은 지구 중력에 이끌려 충돌하면서 지구를 키워갔다. 그 과정에서 충격에너지가 열에너지로 전환되어 지구 표면의 온도를 1,000℃이상으로 상승시켰다. 때문에 지구는 한동안 마그마 바다의 상태로 지내야 했다.

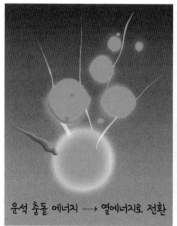

운석 충돌 에너지 ⟶ 열에너지로 전환

중력 에너지 ⟶ 열에너지로 전환

규산염질 마그마 위로 떠오름

철질 마그마
지구 중심으로 가라앉음

---

21 K: 절대온도 단위. K = 섭씨온도 + 273.15

두 번째 열원은 마그마 바다에서 무거운 쇳덩어리 성분이 가라앉으면서 중력에너지가 열에너지로 전환된 것이다. 쇳덩어리의 주성분은 철Fe로 지구 전체 질량의 가장 큰 비율을 차지한다. 철보다 상대적으로 가벼운 규장질(석영과 장석 성분, 규산염 물질) 마그마는 떠올라서 지각과 맨틀을 구성하게 되었다.

그런데 중력수축 에너지는 지구 탄생 초기에 집중된 에너지였기 때문에 지구는 점차 식어갔다. 그 과정에서 표면은 딱딱한 지각을 형성하고 수증기는 물로 응결하여 해양을 형성했다. 그렇지만 지구의 내부는 쉽게 식을 수가 없었다. 오히려 지구를 조용히 달군 세 번째 열원이 있었으니 그것은 바로 돌멩이였다. 돌멩이, 즉 암석巖石, Rocks은 우라늄, 토륨과 같은 방사성 원소를 품고 있다. 방사성 원소는 불안정하기 때문에 서서히 붕괴하여 다른 원소로 변한다. 그 과정에서 열이 발생했고 지구 내부의 온도를 5,000℃ 이상으로 상승시켰다.

앞서 지각에서의 지하증온율은 3℃/100m 정도였다. 이 비율대로 땅속의 온도가 증가한다면 6,370km 깊이의 지구 중심부 온도는 19만℃가 넘어버린다. 이건 또 너무 무지하게 뜨겁지 않은가? 과학자들이 추정한 지구 핵의 온도는 6,000℃ 정도이다. 그렇다면 지각에서의 지하증온율이 지구 내부로 갈수록 작아져야 한다. 어떻게? 방사성 원소가 지각에 많이 몰려 있다고 생각하면 질문에 대한 답이 될 것이다. 방사성 원소는 철보다 무거운데도 지구 내부로 가라앉지 않고 지각에 많이 몰려 있는 까닭은 무엇일까? 과학자들은 규산염SiO_4^+ 물질과 방사성 원소의 친화력이 높기 때문이라고 설명한다. 우라늄U, 토륨Th, 칼륨K과 같은 원소들이 대륙 지각의 주재료인 돌멩이와 친밀하다는 것이다.

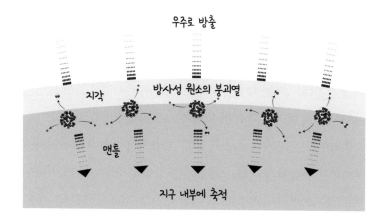

우주로 방출

지각 방사성 원소의 붕괴열

맨틀

지구 내부에 축적

지각에서 땅속 밖 지상으로 흘러나오는 나오는 열량은 1cm² 면적에서 1초당 100만 분의 1.5cal 정도이다. 이는 태양 복사에너지에 비하면 턱없이 적은 수준이라서 우리는 감지할 수가 없다. 지표로 흘러나온 지각의 열은 우주로 방출되지만, 지구 내부로 전달되는 열은 지구 내부에 쌓인다. 그러므로 100만 년에 1℃ 씩만 상승해도 46억 년이 흐르면 4,600℃가 상승한다는 계산이 나온다.

지구 내부의 땔감은 고갈될까?

방사성 원소의 붕괴는 무거운 원소들이 헬륨 입자의 흐름인 알

파선, 전자의 흐름인 베타선, 고에너지 전자기파인 감마선 등을 방출하면서 일어난다. 방사성 원소가 반으로 줄어드는 데 걸리는 시간을 반감기라고 한다. 질량수 238인 우라늄의 반감기는 약 45억 년이다. 그러므로 지구 탄생 초기에는 두 배나 많은 우라늄이 지구 내부에 포함되어 있었을 것이다. 질량수 232토륨의 반감기는 140억 년으로 우라늄보다 몇 배나 더 많이 들어 있고, 13억 년의 반감기를 가지는 40칼륨의 양도 우라늄 못지않게 들어 있어서 지구 내부의 땔감은 아주 먼 미래에도 고갈되지 않을 것이다.

온천수에는 라돈Rn 가스가 미량 포함되어 있는데, 이는 자연 우라늄과 토륨이 붕괴하는 과정에서 생성된 라듐Rd이 재차 라돈으로 붕괴하면서 발생한다. 라돈은 다시 붕괴하여 폴로늄Po으로 변하는데 반감기가 며칠 정도로 짧다. 퀴리 부인은 라듐 덩어리를 연구하다가 방사능을 발견했고, 이 때문에 암에 걸려 사망했다. 라듐 발견 초기에는 유럽의 사업가들이 라듐을 만병통치 물질인 것처럼 광고하였고 화장품 등에 섞어서 떼돈을 벌었다고 한다. 그 탓에 많은 사람들이 방사능 질환으로 숨지기도 했다고 역사는 전한다. 라듐과 라돈 연구는 이처럼 위험해서 과학자들도 연구하기를 꺼린다. 라돈은 공기보다 7.5배나 무거운 기체인지라 흙이나 석재로 지은 건축물 내부에 액체처럼 많이 쌓일 가능성이 있다. 라돈은 비흡연자 폐암 사망 원인의 제1물질인 것으로 점쳐지고 있다. 그러므로 방사능 질병 예방을 위해서는 실내 환기를 자주 해야 한다.

13
원칙 없는
토목 공사

사태 가능성이 있는데요?

"군수님…, 그러니까 산봉우리 왼쪽으로 도로를 설계하라는 거죠?"

"그렇지, K 위원님이 특별히 부탁해왔네. 그분 고향이 그쪽에 가깝거든."

낙석수의 표지판

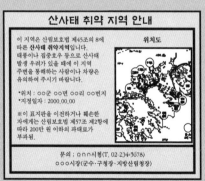

산사태 취약 지역 안내

이 지역은 산림보호법 제45조의 8에 따른 **산사태 취약지역**입니다. 태풍이나 집중호우 등으로 산사태 발생 우려가 있을 때에 이 지역 주변을 통행하는 사람이나 차량은 유의하여 주시기 바랍니다.

위치도

*위치 : ○○군 ○○면 ○○리 ○○번지
*지정일자 : 2000.00.00

※이 표지판을 이전하거나 훼손한 자에게는 산림보호법 제57조 제2항에 따라 200만 원 이하의 과태료가 부과됨.

문의 ; ○○○시청(T. 02-234-5678)
○○○시장(군수·구청장·지방산림청장)

"공청회에서 반대 의견이 나오고 있는데요…."

"뭐가 문제야? 어차피 그린벨트에 묶여 있는 지역인데…, 지들이 손해 보는 것도 아니잖아. 안 그래?"

"이득이나 손해 때문이 아니라… 안전 문제 때문입니다."

"안전? 그거야 도로 건설을 맡은 시공회사가 책임질 일이지, 뭐가 걱정인가?"

"지질연구원 보고서에는 왼쪽 비탈면 낙석과 사태 가능성이 언급되어 있습니다."

"산 옆구리로 길을 내는데 비탈이야 당연히 있는 거지. 봉우리 오른쪽은 비탈이 아닌가? 그쪽은 안전하다고 누가 장담할 수 있어?"

"……"

군수는 문득 생각이 난 듯이 무릎을 탁 치며 말했다.

"옳지! 낙석 붕괴 위험 표지판을 추가로 세우면 되잖아? 표지판 제작회사는 고마워할걸!"

절리, 층리, 엽리의 기초 개념

· **절리**節理: 암석의 갈라진 틈. 규칙성(기둥 모양, 널빤지 모양, 입방체 모양 등의)을 보이는 절리는 마그마나 용암이 냉각될 때 수축에 의해서 생긴다.

· **층리**層理: 퇴적물이 시루떡처럼 층층이 쌓일 때 나타나는 평행

한 줄무늬 구조.

· **엽리**葉理: 강한 압력에 의해 짓눌렸을 때 나타나는 변성암의 특징적인 구조. 암석을 구성하는 광물의 입자가 세립질인 경우는 편리片利, 구성 광물이 크게 성장하여 길쭉한 줄무늬가 육안으로도 잘 보이는 경우에는 편마片麻 또는 편마엽리라고 한다.

퇴적암의 절리   화성암의 절리   변성암의 절리

땅에도 결이 있다

산간지방의 도로변에서는 낙석주의 표지판을 흔히 볼 수 있다. 지나가다가 돌벼락을 맞을 수도 있다는 경고인지라 시선을 올려 위를 보게도 된다. 산사태 취약 지역 안내 표지판이 설치되어 있는 곳도 여러 곳이다.

도시 개발과 도로 건설, 터널 건설 등으로 인해서 지반이 약해진 곳은 산사태의 위험이 크다. 특히 거대한 고층빌딩을 지을 경우 지하 깊은 곳까지 땅을 파헤침으로써 암반은 취약해지고 지하수와 함께 토사가 이동하면서 지반의 변형이 생기면 위험성은 더

욱 증가한다.

암석은 풍화작용에 의해서 결합력이 약한 부분부터 갈라지고
쪼개진다. 물이 스며들기 쉬운 층리, 절리, 편리 등의 구조가 발달
한 암석은 특히 그렇다. 물이 스며들어 얼게 되면 부피가 증가 하
면서 암석 틈새를 더욱 벌어지게 하고, 용해작용을 일으켜 풍화를
촉진한다. 물이 적게 포함되어 있을 때에는 토양의 점성을 높이기
도 하지만 일정량을 넘어서면 윤활유처럼 작용하여 지층이 흘러
내리게끔 하는 요인으로 작용한다.

켜켜이 쌓인 퇴적암층은 오랜 세월에 걸쳐 각각 다른 시기에 굳
어진 것이므로 층리면 사이의 결합이 약할 수밖에 없다. 그러므로
암반과 토양의 용도를 변경하는 설계에서는 층리면의 경사 방향
을 면밀하게 살펴야 한다. 경사면의 암석이 흘러내릴 가능성이 있

층리면을 따라 일어나는 사태

는 쪽에 도로를 건설하지 않도록 해야 하며 부득이한 경우에는 사태를 방지할 수 있는 대책을 마련해야 한다.

땅도 기어간다

산을 오르다 보면 밑동이 구부러진 나무들을 흔히 볼 수 있다.

나무들이 똑바로 자라지 못했던 이유는 무엇일까? 나무에게 문제가 있었던 것일까, 아니면 다른 원인이 있어서였을까?

나무들의 밑동이 휘어진 것은 땅이 서서히 흐르고 있다는 것을 말해준다. 과학 용어로는 땅이 기어간다는 뜻으로 '토양 포행匍行,

soil creep'이라고 부른다. 뿌리를 내린 묘목이 자라는 과정에서 이동하는 토양에 의해 밀리게 되면 밑동이 휘어지게 되는 것이다.

토양 포행은 비탈진 경사면에서 토양수(토양 속의 물)가 얼고 녹기를 반복하면서 진행되므로 한랭한 지역, 고산 지역에서 잘 일어난다.

토양수가 얼면 부피가 늘어나므로 토양도 그와 함께 팽창하고, 얼었던 땅이 다시 녹으면 토양도 수축하게 된다. 경사면에서의 토양의 팽창과 수축은 포행이 일어나게끔 하는 작용기제가 된다. 토양이 얼면 경사면에 수직한 방향으로 토양이 팽창하지만 수축할 때는 토양이 중력 방향으로 수축함으로써 토양 입자의 이동이 일어나는 것이다. (그림에서 토양 입자 1 → 2 → 3으로 이동)

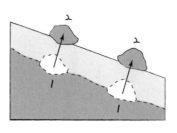

토양이 팽창하면 사면에 수직하게
| → ᄼ 방향으로 토양 입자 이동

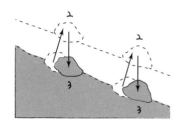

토양이 수축하면 중력에 의해
ᄼ → 3 방향으로 토양 입자 낙하

토양 포행은 서서히 일어나지만 전신주, 담장, 묘비를 넘어뜨리는 요인이 되며 가옥과 같은 건축물에도 나쁜 영향을 준다.

나는 부엌에서 과학의 모든 것을 배웠다

화학부터 물리학·생리학·효소발효학까지 요리하는 과학자 이강민의 맛있는 과학수업

매일 부엌과 연구실을 오가는,
어느 별난 과학자가 차려낸 풍성한 과학의 만찬!

★ 2017년 세종도서 교양 부문 선정작(문화체육관광부)
★ 한국출판문화산업진흥원 2018 한국도서 정보 번역 사업 선정도서
★ 한국출판문화산업진흥원 텍스트형 전자책 제작지원 선정작(2017)

이강민 지음 | 192쪽 | 12,000원

부엌의 화학자

화학과 요리가 만나는 기발하고 맛있는 과학책

흥분과 호기심으로 가득한 분자요리의 세계!

★ 미래창조과학부인증 우수과학도서(2016)
★ 한국출판문화산업진흥원 텍스트형 전자책 제작지원 선정작(2016)
★ 학교도서관저널 2017 추천도서(청소년인문)

라파엘 오몽, 티에리 막스 지음 | 김성희 옮김 | 236쪽 | 13,000원

화학에서 인생을 배우다

평생을 화학과 함께 해온 한 학자가 화학 속에서 깨달은 인생의 지혜

"화학은 아름답다! 화학은 인생이다!"

★ 교육과학기술부 인증 우수과학도서(2010)
★ 서울과학고 추천도서(2011)
★ 책따세 여름방학 추천도서(2011)
★ 도서추천위원회 추천도서, 학교도서관저널 추천도서

황영애 지음 | 256쪽 | 14,000원

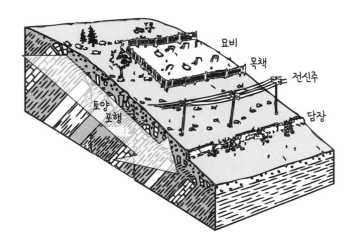

콘크리트 옹벽을 세우거나 계단식 축대를 쌓는 것은 산사태와
낙석, 포행 등을 방지하기 위해서이다. 사태 방지를 위해 경사가
급한 비탈면에 그물망을 치거나 절리가 생긴 바위에 볼트를 박아
서 고정시키는 경우도 있다. 토양 위에 시멘트 분말을 도포하기도
한다. 어쩔 수 없는 예방책이라고 하지만 한편으로는 자연을 훼손
하고 동식물 서식 환경을 열악하게 만드는 일이기도 하다.

미끄럼, 높이 나누기 밑변보다 큰지 작은지

우레탄이나 생고무로 만든 등산화의 바닥에는 우툴두툴한 요철
이 있다. 등산화의 바닥을 그렇게 만든 이유는 마찰력을 최대화시
키기 위함이다. 마찰력이 작은 신발일수록 산비탈에서 미끄러질
위험성이 커진다.

아이들은 놀이터에 있는 미끄럼틀의 경사면을 맨발로 올라가기도 한다. 그러나 발바닥에 기름칠을 하면 올라갈 수가 없다. 경사면의 각도도 변하지 않았고 아이의 몸무게도 변하지 않았는데 달라진 것은 무엇일까? 단지 발바닥의 마찰계수[22]만 작아졌을 뿐이다. 마찰계수는 두 물체 간의 접촉 실험을 통해 측정되는데, 알루미늄과 알루미늄은 1.05~1.35, 구리와 구리는 1, 유리와 유리는 0.9, 목재와 벽돌은 0.6, 폴리스티렌과 폴리스티렌은 0.5 정도의 수치로 알려져 있다.

폴리스티렌 재질의 미끄럼틀과 사람 발바닥 사이의 마찰계수는 얼마일까? 피부 상태가 어떠하냐에 따라서 저마다 다를 것이다. 피부 신축성이 좋은 어린이의 발바닥은 미끄럼틀에 쩍쩍 달라붙으니 마찰계수가 클 것이고, 각질이 일어날 정도로 버석한 노인의 발바닥은 아마도 마찰계수가 작을 것이다.

마찰계수만 알고 있으면 경사면의 각도가 얼마가 되었을 때 미끄러질 것인지를 알 수 있다. 비탈진 경사면을 직각삼각형의 빗변으로 나타낸 후에 높이를 밑변으로 나누어서 그 수치가 마찰계수보다 큰지 작은지를 비교하는 것이다.

예를 들면 경사가 45°인 미끄럼틀을 삼각형의 빗변으로 나타내면 높이와 밑변의 길이가 같다. 높이와 밑변의 길이가 같으면 높이/밑변의 값은 1이므로 접촉면의 마찰계수가 1보다 작은 경우의

---

22 물체의 접촉면에 가해진 수직항력(물체를 떠받치는 힘)에 대한 마찰력의 비.

물체는 미끄러지게 된다. 미끄럼틀의 경사각이 30°인 경우에는 높이/밑변의 값이 약 0.58이다. 이 경우에는 마찰계수가 0.58보다 작은 물체만 미끄러지게 된다.

간단히 정리하면, 마찰계수의 값이 삼각형의 높이를 밑변의 길이로 나눈 값보다 작으면 물체는 미끄러지고, 마찰계수가 더 크면 물체는 미끄러지지 않는다.

물체와 경사면의 마찰계수가 0.6일 때의 예

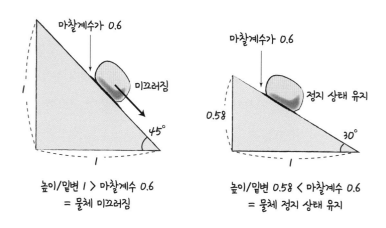

마찰계수가 0.6

미끄러짐

45°

높이/밑변 1 > 마찰계수 0.6
= 물체 미끄러짐

마찰계수가 0.6

정지 상태 유지

0.58

30°

높이/밑변 0.58 < 마찰계수 0.6
= 물체 정지 상태 유지

마찰계수와 경사각의 관계는 고등학교에서 배우는 삼각함수를 이용하면 훨씬 더 간단하게 표시할 수 있다. 높이/밑변은 삼각함수 탄젠트tan 값이다. 그러므로 어떤 지역에 사태가 일어나지 않는 최대 경사각을 세타θ라고 했을 때 '마찰계수=$\tan\theta$'로부터 경사각 θ를 쉽게 구할 수 있다. 사태가 일어나지 않은 최대 경사각을 '안

식각'이라고 줄여서 부르는데, 보통의 토양은 $30°\sim35°$의 안식각을 가진다. 그러나 집중호우로 토양의 물이 불어나는 경우에 토양의 마찰계수가 작아지므로 사태가 일어나는 경우가 흔하다.

덧붙여 고려할 사항이 있다.

마찰계수는 정지마찰계수와 운동마찰계수 두 가지로 구분한다. 물체가 정지 상태에 있을 때 작용하는 마찰력의 크기와 운동할 때 작용하는 마찰력의 크기가 같지 않기 때문이다. 극히 드문 예외를 제외하면 일반적으로 정지마찰계수의 값이 크고 운동마찰계수의 값이 작다. 그래서 자동차를 사람의 힘으로 밀어야 하는 경우에 처음 정지 상태에서는 힘을 많이 써야 차가 움직이지만, 일단 차가 움직이기 시작하면 훨씬 힘을 덜 들이고도 잘 밀어갈 수 있다.

사태의 경우도 마찬가지이다. 아무런 진동이 없이 고요한 상태의 토양과 암석은 잘 무너지지 않지만, 지진 등으로 경사면에 진동이 전해져서 사태가 일단 발생하면 걷잡을 수 없을 만큼 쉽게 무너져 내리기도 하는 것이다.

14
돌을
아십니까?

돌을 만드는 세 가지 조리법

사람들은 인조 돌을 만드는 세 가지 조리법을 알고 있다.

가장 오래되고 흔한 조리법은 퇴적암을 제조하는 것이다.

집을 지을 때 쓰는 콘크리트 블록 벽돌이 그에 해당한다. 모래와 자갈과 시멘트를 섞어 물을 뿌려 반죽한 후 거푸집에 잘 다져 넣고 거푸집을 제거한 후 굳힌다. 블록 벽돌을 말리는 과정에서는 물을 뿌려 말리기를 며칠 동안 반복한다. 이 과정에서 중요한 두 가지는 '다져 넣기'와 '물 뿌리고 말리기'이다.

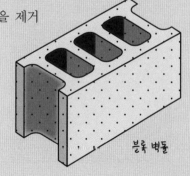

블록 벽돌

다져 넣기를 잘 해야 입자 사이의 빈틈이 줄어든다. 물 뿌리고 말리기는 시멘트 성분이 녹아 입자끼리 잘 붙도록 하는 과정이다.

두 번째 방식은 변성암 제조 방식이다.

붉은 벽돌은 산화철이 다량 함유된 적색 점토에 규장질(석영+장석) 모래를 혼합한 후 기계로 빻아서 압축하여 건조시킨 후 1,100℃ 이상의 온도의 불가마에 구워서 만든다. 고압 성형하고 고열을 가했다는 점에서 변성암의 형성 과정과 같다. 인조대리석 또한 합성수지 재료로 화학 처리를 하고 고압 성형하므로 강한 압력이 작용하는 변성암 제조 방식에 따라 만든 것이라고 할 수 있다.

빨간 벽돌

세 번째 방식은 화성암 제조 방식이다.

화성암은 마그마가 냉각되어 만들어지는 암석이므로 액체 상태로 만들었다가 고체로 굳어져야 한다. 이와 같은 방식은 규장질

모래를 화로에 녹여 유리를 제조하는 방식과 유사하다. 그렇지만 유리는 비결정질의 형태로 굳는 것이므로 광물의 결정이 성장하여 만들어지는 결정질의 화성암과는 다소 차이가 있다.

자연의 암석도 사람들이 돌을 제조하는 방식과 같은 유사한 과정으로 만들어진다. 마그마가 식어서 만들어진 화성암火成巖, 쇄설물이나 침전물이 쌓이고 다져져서 만들어진 퇴적암堆積巖, 그리고 어떤 암석이 2차 압력 또는 열을 받아 조직과 성분이 변한 변성암變成巖이 바로 그 세 가지이다.

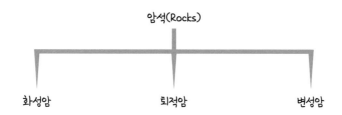

학교 운동장은 자갈밭

암석巖石, Rocks을 만든 알갱이 재료는 광물鑛物, Minerals이다. 비유하자면, 쌀, 보리, 콩, 조와 같은 곡식 낱알은 광물이고, 그 곡식 알갱이로 반죽하여 만든 떡이 암석인 셈이다. 암석을 만드는 주재료를 조암 광물이라고 하는데, 조암 광물은 규산염 광물이 압도적으로 많다. 규산염 광물은 산소O와 규소Si의 고체 화합물로 칼륨, 칼슘, 나트륨, 마그네슘, 철과 같은 금속 성분이 일부 첨가되어 있다.

규산염 광물의 알갱이를 관찰하기 좋은 곳은 가까이 있다. 바로 학교 운동장이다. 학교 운동장을 가로질러 걸어가노라면 발 아래로 어석어석 광물 밟히는 소리가 들린다. 학교 운동장은 배수가 잘 되어야 하므로 굵은 모래나 자갈이 섞인 토양을 트럭으로 운반하여 깔아 놓은 경우가 많다. 자갈을 운동장에 까는 학교가 어디 있냐는 생각이 들 수도 있겠지만, 퇴적암석학에서는 2mm 이상을 자갈로 분류하므로 '운동장은 자갈밭'이라는 표현을 써도 틀린 말은 아니다.

규산염 광물은 지각의 92% 이상을 차지하며, 그중에서도 장석長石이 가장 많은 비율을 차지한다. 장석은 길쭉한 사각기둥 모양이기 때문에 붙은 명칭인데 여러 종류가 있다. 어느 쪽으로 보든지 비딱하게 기울어진 사장석斜長石은 칼슘 성분이 포함되어 흰색을 띠고, 한쪽 방향으로만 기울어진 정장석正長石은 칼륨 성분이 포함되어 분홍색을 띤다. 학교 운동장에 알갱이로 굴러다니는 장석들은 풍화 작용으로 모서리가 마모되어 있기는 하지만 자세히 관찰하면 사각형의 모습을 보이는 것도 꽤 많이 있다.

장석 다음으로 쉽게 볼 수 있는 것은 이산화 규소SiO_2 성분인 석영石英이다. 석영은 투명한 흰색 빛을 띠는 것이 일반적이며 강도가 높아서 강하게 씹으면 이가 부러진다. 석영이 크게 자란 것이 육각뿔 모양의 수정水晶이다. 그렇지만 운동장의 석영은 대부분 화강암이나 화강편마암에 포함되어 있던 알갱이가 떨어져 나와 풍화된 것이어서 동글동글하게 마모되어 있을 뿐이다.

운동장의 흙에는 검은 색의 납작한 흑운모도 섞여 있다. 모래성 쌓기 놀이를 하고 손을 털어도 손등에 비늘처럼 착 달라붙어서 잘 떨어지지 않는 광물이 바로 흑운모이다. 그래서 흑운모는 돌비늘이라는 별명으로도 불린다.

규산염 광물 중에서 쉽사리 눈에 잘 안 띄는 두 종류는 감람석橄欖石과 휘석輝石이다.

감람나무는 올리브 나무를 뜻하는데, 감람석은 올리브 나무와 같은 황록색이다. 지하 깊은 곳에서 알갱이가 굵어진 감람석은 현무암질 용암에 섞여서 밖으로 나오는 경우도 종종 있다. 알갱이가 크고 색이 좋은 감람석은 페리도트라는 보석으로 거래된다.

휘석의 색깔은 거무칙칙한 쑥떡색이다. 굵은 휘석은 하얀 사장석과 섞여 있는 경우가 흔하다.

감람석과 휘석은 이산화 규소가 적게 들어간 암석에 상대적으로 많이 들어가게 되는데, 이러한 암석을 염기성암이라고 한다. 염기성암은 철분과 마그네슘이 많이 들어가기 때문에 색깔이 어둡고 검다. 대표적인 염기성 암석은 제주도와 한탄강 일대에 분포한 현무암이다. 그곳에 가서 현무암 덩어리를 집어 들고 감람석과 휘석이 어디에 박혀 있는지 유심히 살펴본다고 해도 운이 엄청나게 좋지 않은 이상 대개는 볼 수가 없을 것이다. 현무암의 결정은 매우 미세해서 마치 검은 깨를 갈아서 만든 흑임자 떡처럼 보인다.

15
불의 돌
화성암

대리석이 아닙니다

얼마 전 상경한 김 노인이 세종문화회관을 보더니 감탄하며 조카에게 말했다.

"멋진 대리석 건물이야! 으리으리하구만."

"네? 대리석이요?"

"돌이 미끈하고 반들반들하잖아! 저런 건 대리석밖에 없어."

집에 돌아온 조카는 인터넷으로 대리석 사진을 검색했다. 그러나 모양이 돌 표면의 문양이 여러 가지이고 전혀 아닌 것 같은 이미지도 많았으므로 어떤 것이 진짜 대리석인지를 구별하기가 어려웠다.

"인터넷에서 진짜와 가짜를 구별하는 것도 일이구나. 휴~."

다음날 출근한 조카는 회사 건물의 벽과 바닥도 세종문화회관과 비슷한 돌이라는 것을 확인하고 직장 동료들에게 물었다.

"이 돌 이름이 뭐죠?"

"대리석…? 아닌가…?"

"……?"

많은 사람들이 대리석[23]이라고 착각하는 암석은 실제로 화성암火成巖의 꽃이라 할 수 있는 화강암花崗巖이다. 한국의 화강암은 1~2억 년 전 중생대 때 전국 규모의 화성활동을 통해 생성되었기 때문에 전국 각지에 매우 넓게 분포한다.

---

23 흔히 대리석이라고 불리는 대리암(大理巖, marble)은 석회암이 변성되어 만들어지는 암석이다. 대리암은 뽀얀 우윳빛이거나 불순물에 의한 마블링(marbling) 줄무늬가 있다. 주로 호텔의 바닥이나 실내 벽재로 쓰이며 일반 회사, 관공서 등의 실용적 건물에는 거의 쓰이지 않는다.

화성암을 판별하는 법

1. 조직을 보고 분류한다.

화성암은 마그마가 냉각된 것이어서 화성암의 조직은 광물과 광물이 빈틈없이 꽉 맞물려 있다는 것이 기본적인 특징이다.

화성암의 조직을 구별하는 용어는 잡다할 정도로 매우 많지만, 가장 큰 분류는 현정질顯晶質 조직과 비현정질非顯晶質 조직으로 구분하는 것이다. 현정질 조직은 육안으로 광물을 식별할 수 있는 조직을 말하며, 비현정질 조직은 육안으로 광물을 식별할 수 없는 조직을 말한다.

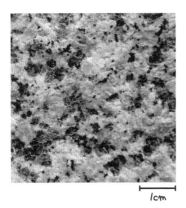

현정질 조직의 심성암

심성암의 대표적 암석인 화강암 사진. 쌀알 크기보다 크게 성장한 광물들이 관찰된다.

비현정질 조직의 화산암

화산암의 대표적 암석인 현무암 사진. 곰보처럼 보이는 구멍은 용암이 식을 때 기체가 빠져나가면서 생긴 기공이며 광물이 육안으로 식별되지 않는다.

화성암 조직의 차이는 마그마의 냉각 속도의 차이에서 비롯된다.

마그마의 주성분은 산소O와 규소Si이고, 알루미늄, 철, 칼슘, 나트륨, 칼륨, 마그네슘 등의 금속 성분과 휘발성 기체들이 포함되어 있다. 마그마가 식을 때에는 그 성분들의 화학적 결합에 의해 대략 1,200~800℃에서 용융점녹는점이 높은 광물들부터 결정 알갱이로 성장하는데 냉각 속도가 느리면 결정이 덩어리로 크게 성장할 수 있는 시간이 확보되므로 현정질 조직이 되고, 그와 반대로 냉각 속도가 빠르면 결정이 성장할 시간이 없으므로 비현정질 조직이 된다.

마그마의 냉각 속도를 좌우하는 물리적 요인은 마그마가 위치한 지하의 깊이이다. 마그마가 지표 가까운 곳에서 식는 경우에는 빠른 속도로 냉각되고, 깊은 곳에서 식는 경우에는 느린 속도로 냉각된다. 그러므로 비현정질 조직을 보이는 암석은 제주도처럼 화산이 분출한 지역에서 쉽게 발견된다. 화산 폭발로 마그마가 용암이 되어 줄줄 흘러나와 빠른 속도로 냉각되어 비현정질 조직의 암석이 되기 때문이다. 그래서 비현정질 조직을 보이는 화성암을 화산암火山巖이라고 한다. 대표적인 화산암에는 현무암, 안산암, 유문암이 있다.

지하 깊은 곳에서 마그마가 천천히 식으면 광물 결정이 크게 성장할 수 있어서 현정질 조직을 보이는 암석이 된다. 그러므로 현정질 조직을 보이는 암석을 심성암深成巖이라고 한다. 심성암에 속하는 대표적인 암석으로는 화강암, 섬록암, 반려암이 있다.

2. 화성암의 색깔을 보고 구분한다.

비현정질 조직을 보이는 대표적인 화산암에는 현무암, 안산암, 유문암이 있다. 이 세 가지 암석이 확실히 다른 점은 색깔이 다르다는 것이다. 현무암은 검정에 가까운 회색이고, 안산암은 회색이며, 유문암은 훨씬 밝은 회색이다.

| 현무암 | 안산암 | 유문암 |

암석의 색깔을 판단할 때에는 암석의 일부를 망치로 깨뜨린 후 단면을 보아야 정확하다. 암석에는 철분이 들어 있어서 풍화가 진전된 암석의 표면은 산화되어 붉은 색을 띠는 경우가 흔하기 때문이다.

현정질 조직의 대표적인 심성암에는 반려암, 섬록암, 화강암이 있다. 이 세 가지 암석의 전체적인 색깔 톤은 각각 검은 회색, 회색, 밝은 회색이다. 심성암을 구성하는 광물 입자의 크기는 콩이나 팥 정도로 크기 때문에 입자 알갱이가 잘 보인다. 특히 화강암은 흰 쌀에 분홍색 강낭콩과 검정깨를 골고루 섞어서 지은 잡곡밥처럼 광물 알갱이가 선명하게 잘 보인다. 그렇지만 검은 색을 띠는 반려암은 검정콩과 검정팥을 섞어놓은 듯해서 입자의 선명도가 떨어지는 편이다.

반려암   섬록암   화강암

1cm

화성암의 색깔은 암석을 만든 마그마의 성분과 밀접한 관련이 있다. 마그마에 이산화 규소 함량이 50% 이하인 현무암과 반려암은 검은 색에 가깝고, 60% 정도인 안산암이나 섬록암은 중간 회색이며, 70% 이상인 유문암과 화강암은 밝은 회색이 된다. 이산화 규소 함량이 적은 암석은 철과 마그네슘이 상대적으로 많고, 이산화 규소 함량이 많은 암석은 나트륨과 칼륨이 증가하는 것도 암석의 색깔에 영향을 주는 요인이다.

3. 조직과 색깔을 조합하여 암석의 이름을 확정한다.

조직과 색깔을 통해 화성암의 이름을 대략 알 수 있다. 그러나 색깔은 감각적인 판별법이므로 암석학자들은 보다 정량적인 방법을 쓰기 위해서 이산화 규소 함량 기준에 따라서 암석을 구분한다.

화성암을 어디에 쓰는가

화성암 중에서 석재로 가장 널리 쓰이는 것은 화강암이다. 건물 외벽재, 바닥재, 축대, 도로경계석, 비석, 주춧돌, 건물 광고판, 조각상, 부도 등의 건축물과 조형물에 두루두루 쓰인다.

제주도와 철원은 현무암이 넓게 분포하는 화산 지형이다. 현무

암은 돌하르방, 맷돌, 돌담의 재료가 되는 암석이며 드물게는 벽
재나 바닥재로 쓰이기도 한다.

화강암으로 만들어진 건축물과 조형물

현무암으로 만들어진 조형물

한국 화성암의 탄생과 분포

한반도에 가장 격렬한 지각 변동은 중생대에 일어났다.

중생대 쥐라기 때 전국적으로 조산 운동造山運動이 일어나면서 차령산맥, 소백산맥, 노령산맥, 광주산맥 등이 만들어졌고 활발한 화산 활동으로 말미암아 대규모의 화강암이 관입했다. 이 시기의 조산 운동과 관입한 화강암을 각각 대보 조산 운동大寶 造山運動, 대보 화강암大寶 花崗巖이라고 한다. 대보 화강암의 연대는 1억 8,000만 년에서 1억 3,000만 년 사이에 분포한다.

중생대가 끝나는 백악기 말부터 신생대 3기초에는 경상도와 전라도 지역에 산발적으로 마그마가 관입하였는데, 이를 불국사 변동이라고 한다. 이로 인해 관입한 불국사 화강암은 토함산과 같은 독립적인 산들을 군데군데 형성시켰다. 그 시기는 대략 9,700만 년에서 5,700만 년 사이이다. 경주의 석굴암, 다보탑, 석가탑과 같은 예술품은 모두 불국사 화강암으로 만들었다고 추정할 수 있다.

신생대 4기에는 백두산, 한라산, 울릉도, 독도, 철원-연천 일대에서 화산 활동이 활발하게 일어나 현무암을 비롯한 화산암류가 분출하였다. 울릉도와 독도는 한라산에 비해서 작은 것처럼 보이지만 실제로는 한라산과 동급의 크기를 가지고 있다. 남해의 수심은 100m 이내이고 동해는 2,000m 이상인 심해라는 것을 감안해야 하는 것이다.

한반도의 화성암 분포

■ 중생대 중기 대보 화강암 1억 8,000만 ~ 1억 3,000만 년

■ 중생대 후기 불국사 화강암 9,700만 ~ 3,700만 년

■ 신생대 4기 화산암류 200만 ~ 수천 년

백두산

청진

신의주

원산

평양

서울

청주

대전

울산

광주

부산

대구

제주

16
물의 돌
퇴적암

위기를 기회로 바꾼 석회암

1973년, 제4차 중동전쟁 이후 페르시아만 주변의 산유국들은 담합하여 원유 생산량을 줄이고 가격을 인상했다. 유가는 3개월 만에 네 배로 폭등했고 세계는 오일 쇼크에 빠졌다. 이로 인해 지구촌의 여러 나라들은 경제 저성장과 실업률 증가 속에 물가 상승

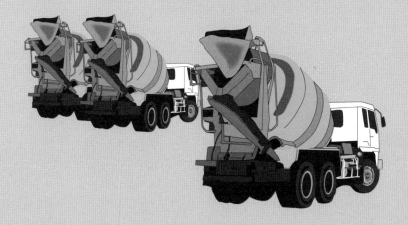

까지 겹치는 스태그플레이션Stagflation 위기에 봉착했다. 특히 원유를 전량 외국에서 수입해야 하는 한국은 오일 쇼크의 직격탄을 맞아 휘청거릴 수밖에 없는 처지였다.

"에효… 기름 한 방울 안 나는 한국은 어쩌란 거여!"

"중동 넘들은 기름 팔아 돈 벌어서 워따 쓴다냐? 거기 맨 사막이잖여? 사막에 나무를 심을 껴 집을 지을 껴?"

"뭐, 돈이 많으니까 운하도 파고 도로도 건설하고 빌딩도 짓고 하겠지."

"걔들이 그런 기술이 있기나 하까? 낙타 타고 돌아댕길 줄이나 알지 뭔 재주가 있겠어?"

건설 노동자들의 이야기를 우연히 듣게 된 정 회장은 무릎을 쳤다.

"그래! 장비를 싣고 중동으로 가는 거야! 고속도로 길 내주고 운하도 파고 건물도 지어주면 될 거 아냐! 허리띠 조르고 근면하기로는 한국 사람이 최고니까 말이지."

1973년 이후 한국의 건설 회사들은 중동 진출의 물꼬를 트기 시작했다. 고속도로 건설, 항만 건설, 운하 대수로 건설, 담수화 건설 등을 수주하면서 벌어들인 외화는 당시 대외수출 수익의 80%를 차지했던 것으로 알려져 있다. 건설 사업의 핵심 재료는 철근과 콘크리트이다.

중동 건설 현장에서 오랫동안 종사하고 돌아온 건설 기술자들은 말했다.

"공구리 10만 루베 치고 왔지!"

"대단하십니다. 엄지 척!"

공구리는 콘크리트의 일본식 발음이고, 루베立方米는 1m³의 부피를 뜻하는 일본어로 레미콘 차량의 적재량 단위로 오랫동안 쓰였다.

콘크리트의 주원료가 되는 시멘트의 원재료는 석회암이다. 석회암은 바다나 거대한 호수에서 탄산칼슘 성분이 침전하거나 석회질 생물체의 유해가 쌓여서 만들어진다. 남한 지역에는 강원도 일대에 석회암층이 두텁게 퇴적되어 있고 북한 지역에는 평안남도의 넓은 지역에 석회암이 퇴적되어 있다. 한국의 건설 사업은 양질의 풍부한 석회암이 있었기에 빠른 속도로 성장이 가능했다. 한국의 석회암은 거대한 산을 이룰 정도로 밀집도가 높고 매장량이 풍부하다.

퇴적암의 세 갈래

1. 가루가 만든 돌: 쇄설성 퇴적암

퇴적암은 퇴적물이 켜켜이 쌓이고 다져지면서 만들어진다. 때문에 퇴적 지형에서는 시루떡처럼 보이는 줄무늬 구조인 층리層理

를 흔히 볼 수 있다. 그렇지만 층리는 퇴적물 입자의 종류나 크기, 색깔 등이 달라지는 경우에 나타나는 것이므로 깊은 바다에서 생화학적 침전물이 두껍게 쌓여 괴상塊狀, 덩어리 상태으로 굳어지는 경우에는 층리가 나타나지 않을 수도 있다. 그러므로 퇴적암을 구별하는 데 있어서 층리 구조만을 잣대로 삼아서는 곤란하다.

제주도의 수월봉은 천연기념물로 지정될 정도로 매우 아름다운 층리 구조가 나타나 있다. 수월봉의 층리 구조는 화산이 수중에서 폭발하면서 분출된 화산재가 물속에 얌전하게 쌓이면서 생긴

수월봉 응회암층에 나타난 층리

것으로 추정된다. 화산재가 쌓여서 된 암석을 응회암凝灰巖이라고 하는데 '재 가루가 엉겨 붙어서 된 암석'이라는 뜻이다. 화산지대에는 화산재에 화산력(4mm 이상) 파편을 섞어 용암과 함께 버무려 반죽한 것처럼 보이는 암석도 관찰된다. 그와 같은 암석에는 집괴암集塊巖, 덩어리가 모인 암석이라는 명칭이 붙어 있다.

역암

퇴적암 중에서 입자가 가장 굵은 역암礫巖은 보통의 다른 암석들과 차별화된 독특한 모습을 보이므로 구별하기가 쉽다. 역암의 영어명은 컨글로머레이트conglomerate로 자갈, 모래, 시멘트를 혼합하여 만든 콘크리트 덩어리와 그 모양새가 비슷하다. 하지만 암석학에서는 2mm 이상을 자갈로 분류하기 때문에 사암과 비슷한 느낌을 주는 역암도 있다. 역암에 포함된 자갈이 둥글지 않고 울퉁불퉁 각진 것이 많이 포함된 경우에는 각력암角礫巖이라고 한다.

사암

사암砂巖은 모래 입자(2~1/16mm)로 구성된 퇴적암이다. 보통의 모래 알갱이는 점착성이 약해서 잘 달라붙지 않는다. 그래서 사암은 허약할 것 같지만 실제로는 그렇지가 않다. 오랜 세월 동안 중력에 의해 다져지고 이산화 규소 성분이 녹아서 입자끼리 잘 들러붙은 사암은 강도가 엄청나서 해머로 쳐도 잘 깨지지 않는다. 그 이유는 모래의 주성분이 석영石英, 이산화 규소 SiO₂로 이루어진 매우 단단한 광물과 장석長石, 이산화 규소에 알루미늄, 칼슘, 나트륨, 칼륨 성분이 결합된 광물이기 때문이다. 사암의 색은 모래 입자에 철분, 점토 등의 첨가되는 비율에 따라서 회색, 붉은빛 회색, 초록빛 회색 등으로 나타난다. 한국에 분포하는 퇴적암 중에서 사암은 셰일 다음으로 많은 암석이다.

미사암微砂巖 또는 실트암siltstone은 모래보다 작은 미사微砂, 1/16~1/256mm로 이루어진 암석인데 미숫가루 느낌의 질감을 준다.

셰일

점토粘土, 1/256mm 이하의 크기로 이루어진 암석은 셰일shale과 이암泥巖이 있다. 셰일은 점토 입자가 매일 조금씩 차곡차곡 퇴적되면서 납작해진 암석이다. 셰일에는 얄팍하고 섬세한 결이 있다. 그 결은 황톳물을 수백 번 칠하고 말리기를 반복한 것과 같은 원리로 만들어진 것이다. 한국에 분포하는 퇴적암 중에서는 셰일이 가장 많다. 이암은 문구점에서 판매하는 부드러운 찰흙 덩어리가 굳은 것처럼 보인다. 이암은 입자와 입자 사이에 미세한 빈틈공극, 空隙이 많아서 상당히 가벼운 편이며 물을 빨아들이는 성질이 있다.

역암, 사암, 미사암, 이암, 셰일 그리고 화산성 퇴적암인 응회암 등은 모두 분쇄된 가루 입자가 쌓인 암석이기 때문에 쇄설성 퇴적암碎屑性 堆積巖이라는 그룹으로 분류된다.

2. 앙금이 만든 돌: 화학적 퇴적암, 생물학적 퇴적암

알프스 산맥, 히말라야 산맥, 로키 산맥, 안데스 산맥은 세계의 지붕이라 불릴 정도로 높은 산들이 즐비한 곳이다. 이 산맥들은 모두 과거에 바다였던 지역이 지각 판의 충돌로 인해 산맥이 된 곳이기 때문에 바다의 흔적이 곳곳에 남아 있다. 암염巖鹽, 돌소금, Rock salt, Halite도 그중의 하나이다. 바다였던 지역이 융기하면 여러 지역에 고립된 염호鹽湖가 생기게 되는데 그 염호가 마르면서 암염을 생성한다. 잘츠부르크Salzbrug, 할슈타트Haltstatt, 살리나스Salinas와 같은 도시의 이름은 모두 암염 광산과 연관되어 붙여진 지명이다.

아라비아 반도에 위치한 사해四海나, 로키 산맥에 위치한 그레이트솔트 호Great salt lake의 바다에는 현재에도 염화 나트륨NaCl 성분이 침전하면서 암염巖鹽, 돌소금 결정이 생성되고 있다.

순수한 암염은 무색투명하지만 칼륨이나 마그네슘 등의 성분이 포함되어 붉거나 푸른빛을 띠기도 하는데 빛깔이 아름다운 경우에는 장식등이나 사우나 찜질방의

암염

재료로 쓰이기도 한다.

석고

바닷물에는 황산 이온도 많이 녹아 있기 때문에 바닷물 증발이 왕성하면 황산 칼슘$CaSO_4$ 성분이 침전하여 석고石膏 $CaSO_4 \cdot 2H_2O$를 만든다. 볼리비아의 고원 지대에 위치한 우유니 사막은 바다였던 지역이 판구조 지각 변동에 의해 안데스 산맥으로 융기하면서 염호鹽湖가 된 후 물이 모두 증발하여 소금 사막이 된 곳이다. 암염과 함께 석고도 산출되는 우유니 사막은 염화 리튬$LiCl$ 또한 대량 매장되어 있어서 리튬전지 원료의 세계적인 산지이기도 하다.

석회암

탄산 칼슘$CaCO_3$ 성분은 침전하여 석회암을 만든다. 탄산 칼슘에 마그네슘 성분이 첨가되면 백운암돌로마이트, $Ca \cdot Mg(CO_3)_2$이 된다. 야외 지질 답사를 가는 연구자들은 석회암을 손쉽게 구별하기 위해서 묽은 염산HCl을 스포이트 병에 담아서 소지하고 간다. 묽은 염산을 석회암에 떨어뜨리면 수증기와 이산화탄소의 거품이 부글부글 발생하기 때문이다. 칼슘 성분이 적은 백운암은 암석의 표면을 긁어서 가루를 낸 후 염산을 뿌리면 미약하게나마 거품이 발생한다.

한국의 강원도와 평안남도 일대에는 고생대의 바다에서 퇴적된 석회암층이 두텁게 쌓여 있다.

처트chert는 이산화 규소SiO₂ 성분이 깊은 바다에서 침전하여 만들어진 암석이다. 처트의 색은 흰색, 갈색,

처트

돌화살촉

흑색 등으로 다양한데 입자가 매우 미세하여 캐러멜을 얼린 것처럼 보인다. 처트는 고대인들이 소중이 여긴 암석 중의 하나였다. 돌이나 금속에 부딪히면 불꽃이 튀는 부싯돌이 처트의 한 종류이기 때문이다. 처트의 깨진 단면은 면도날처럼 날카롭기 때문에 돌화살촉을 만드는 데에도 많이 쓰였다.

암염, 석고, 석회암, 백운암, 처트는 화학적 퇴적암化學的 堆積巖 그룹에 속하는 암석들이다.

석회암과 처트는 생물학적 요인에 의해서도 만들어진다. 유공충이나 산호처럼 칼슘 성분으로 이루어진 생물체는 해저에 가라앉아 석회질 연니軟泥, 부드러운 진흙처럼 이루어진 물질로 변하고, 규소 성분을 포함한 돌말류규조류, 방산충 등은 해저에 가라앉아 규질 연니가 된다. 그런데 수압에 따른 용해도 차이로 인해서 석회질 연니는 수심 4,000m보다 낮은 바다에 쌓이고, 규질 연니는 4,000m보다 더 깊은 심해저에 쌓이는 것으로 파악되고 있다. 석회질 연

니가 굳어지면 석회암이 되고, 규질 연니가 굳으면 처트가 된다.

　육지에서 생물학적 기원으로 만들어지는 퇴적암은 석탄이 대표적이다. 한국의 경우 고생대에 번창했던 양치식물들이 죽어서 강원도와 평안도에 대규모 석탄층을 형성했다. 중생대 일부의 지층에서도 석탄이 산출된다. 석탄층은 과거에 그 지역의 기후가 따뜻했음을 알려주는 증거이기도 하다.

17 변성암 수난시대

대충 잘라서 척척 올리고 조경

1억 5,000만 년 동안 화성암 원로회의 대표인 영암 월출산月出山
큰 바위 얼굴은 천 년에 한 번 열리는 한반도 암석 회의를 주재
했다.

월출산 큰 바위 얼굴

"천 년 동안 잘들 계셨는지요?"

말馬 귀耳의 형상을 하고 있는 마이산馬耳山 역암 장군이 가장 먼저 대답했다.

"저는 말입니다. 천 년 전보다 더 곰보딱지가 되었어요. 사람들은 제 곰보자국을 타포니Tafoni[24]라고 부르더군요. 그래도 아직 인기는 많습니다."

이어서 철원과 전곡 일대에 용암이 흘러 형성된 한탄강 현무암이 말했다.

"에헤, 저는요. 여름철만 되면 래프팅하려고 사람들이 바글바글

타포니

---

24 풍화작용으로 생기는 움푹한 구멍.

줄을 서요. 이곳에서 무협 영화 촬영도 많이 해요. 칼 맞은 주인공이 제가 만든 절벽 밑의 동굴에서 치료를 하고 원수를 갚죠. 한마디로 저는 인기 짱이죠. 헷!"

한탄강 현무암이 잘난 체를 하자 대보 화강암 협회의 회원들이 수군거렸다. 대보 화강암 협회는 1억 8,000만 년 전 중생대 쥐라기 때 설립되어 한반도 전국을 장악하고 있는 거대 조직으로 금강산, 설악산, 북한산, 오대산 등 세계적인 명사들이 회원으로 활동하고 있다.

"현무암은 원래 해양 지각 소속이잖아? 대륙에 현무암이 어찌 흘러나와서 퍼질러 앉은 거야?"

"새까만 현무암 녀석, 몇 살이래?"

"겨우 27만 살인 걸요. 햇병아리죠. 호호."

"신경 꺼요. 현무암은 허약해서 잘 부스러지고, 기둥 모양으로 쩍쩍 갈라지면서 주상절리柱狀節理도 생기잖아요. 아마 1억 년도 못 버티고 전부 부스러져서 흙이 되고 말 거예요."

"쉿! 목소리 낮춰요. 백두산 님과 한라산 님이 듣겠어요. 둘 다 신생대 젊은이들이지만 지하 깊은 곳에서부터 현무암질 용암을 끌어올려 주변을 평정한 대왕들이에요. 발해를 멸망시킨 장본인이 백두산 님이라는 소문도 파다해요. 그 무시무시한 폭발력을 당할 자가 없어요."

잠자코 있던 경기 육괴陸塊가 "쿨럭" 하고 기침을 하자 장내가 이내 조용해졌다.

경기 육괴는 한반도의 중심을 세운 전설이다. 그의 나이는 정확하게 알려진 바 없다. 그는 아주 먼 옛날 선캄브리아 시대의 온갖 종류의 변성암들을 거느리고 있기 때문에 변성암 복합체라고도 불린다. 경기 육괴는 수십 억 년 동안 지구를 순회하면서 암석들을 규합하였는데, 최소 5억 3,000만 년부터 25억 년 이상의 연대를 보이는 변성암들이 주축 세력이다.

경기 육괴가 슬픈 음성으로 말했다.

"요즘은 변성암 수난시대라오. 사정없이 파헤쳐진 편마암 동지들이 아파트 조경 사업에 무한정 투입되고 있어요."

"경기 육괴 님, 저 경주 토함산이 한 말씀 올리겠습니다."

경주 토함산은 중생대 말엽 약 1억 년 전 경상도 일대에 관입한 불국사 화강암의 수장이다.

"우리 화강암은 언제나 기쁜 마음으로 건축의 주춧돌이 되어왔습니다. 석굴암, 다보탑, 석가탑과 같은 예술품을 만드는 데에도 기꺼이 헌신했어요. 편마암 어르신들도 유용하게 쓰이는 것이니 너무 슬퍼하실 필요는 없다고 생각합니다."

"토함산 님, 그건 아니지요."

토함산의 말에 반박하고 나선 것은 편마암협회 남도지부장인 지리산이었다.

"우리 편마암 식구인 덕유산 님이 많이 아프십니다. 채석장이 생겨서 산허리가 잘려나간 것은 아물면 되지만, 팔려간 편마암들은 천덕꾸러기처럼 조경 사업에 허비되고 있습니다. 자연의 모든 것은 모름지기 용도에 맞게 아름답게 쓰여야 보람이 있는 법입니다. 그런데 사람들이 편마암을 울퉁불퉁 사각덩어리로 대충 잘라서 담장용으로 척척 올리고는 사철나무 군데군데 꼽아놓고 조경이라고 한답니다."

…….

가열되어 단단해진 변성암

흙으로 빚은 토기를 불가마에 넣어 구우면 수분과 유기물이 빠져나가면서 토기보다 더 단단한 도기로 변한다. 마찬가지로 퇴적암이 지하로부터 상승한 마그마와 접촉하여 가열되고 구워지는 경우에는 광물 입자가 치밀하게 서로 들러붙으면서 단단해진다. 이처럼 마그마와 암석이 접촉하여 가열되는 열 변성 작용을 접촉 변성 작용이라고 한다. 접촉 변성에 의해 암석의 변형이 일어나는 범위는 작게는 몇 센티미터에서 크게는 1~2km 범위에 제한되므로 국지적 변성 작용에 해당한다.

혼펠스

셰일이나 미사암이 접촉 변성 작용을 받아서 생기는 단단한 변성암에는 혼펠스hornfels라는 이름이 붙여져 있다. 혼펠스는 암석의 단면이 쇠뿔horn을 부러뜨린 것과 같은 느낌을 주기 때문에 붙은 이름이다. 고대의 화살촉 중에는 혼펠스로 된 것도 많이 발견된다.

규암

'차돌 바위처럼 단단하다'라고 할 때 차돌이 바로 규암硅巖이다. 규암은 석영이 많이 포함된 사암이 변성되어 만들어진다. 강원도 영월에 분포하는 장산 규암층을 멀리서 보면 마치 거대한 구렁이가 산을 넘어가는 것처럼 보이는데, 이는 규암이 다른 암석보다 두드러지게 강하다는 것을 보여주는 상징이다. 춘천 삼악산 등선폭포, 백령도 차돌섬 역시 단단한 규암층이 우뚝 솟아 절벽을 이루고 있다.

대리암 석재

대리석이라고도 불리는 대리암大理巖, marble은 석회암이 변성되어 만들어지는 암석이다. 대리암은 뽀얀 우윳빛이거나 불순물에 의한 마블링marbling 줄무늬가 있다. 유기물을 많이 함유한 석회암이 변성되는 경우에는 검은 대리석이 되기도 한다. "쇠고기 등심 마블링이 좋다"라고 할 때나, 미술 기법의 하나인 마블링은 바로 대리암의 무늬를 뜻하는 말이다. 한국의 유일한 매장 지역은 강원도 정선군 북면 일대뿐인 것으로 알려져 있다. 대리암은 고급 호텔의 실내 바닥이나 벽재로 쓰이는 경우가 종종 있지만 일반 회사나 관공서 등의 실용적 건물에는 거의 쓰이지 않는다. 석회암이 산성비에 약하므로 대리암도 역시 산성비에 약하기 때문에 실용적 건물의 외장재로는 적합하지 않다.

짓눌리고 납작해진 변성암

2억 5,000만 년 전 남반구 곤드와나 대륙의 일부였던 인도 대륙은 테티스 해를 좁히며 서서히 북상하였고 신생대에 이르러 유라시아 대륙에 충돌하였다. 히말라야 산맥은 그때부터 솟아오르기 시작하여 오늘날 세계에서 가장 높은 산맥이 되었다. 학자들의 연구에 따르면 히말라야 산맥은 여전히 높아지고 있다. 산맥이 된 곳의 지층과 암석은 항거할 수 없는 압력에 의해 구부러지고 짓눌리고 광물들은 빈대처럼 납작해진다. 이처럼 넓은 범위에 걸쳐 일어나는 변성 작용을 광역 변성 작용이라고 한다.

히말라야 산맥만 그와 같은 일이 일어났을까? 수십 억 년 동안 대륙들은 여러 번 합쳐지고 분리되는 과정을 겪었다. 따라서 모든 내륙에는 오래된 변성암이 광범위하게 분포한다.

셰일이 광역 변성 작용을 약하게 받으면 점판암이 된다. 넙적한 형태로 쪼개지는 성질이 있는 점판암은 가옥 지붕의 천연 기와로 사용되기도 하고 고기를 구울 때 쓰는 천연 석판으로 이용되기도 한다.

점판암   **편암**

1cm

점판암이 더 변성되면 천매암이 되고 변성도가 더 높아지면 편암이 된다. 천매암과 편암은 세립질의 광물이 붙어 비늘처럼 납작해져서 물결무늬를 이루고 있는데, 그와 같은 구조를 편리片利라고 하며 돋보기를 이용해야 잘 보인다.

아파트 조경에 널리 쓰이는 편마암은 먼발치에서 보아도 물결치는 줄무늬가 뚜렷하다. 이러한 줄무늬는 높은 압력과 열로 인해서 광물들의 재결정이 일어나 생긴다. 편마암의 종류는 다양하여 퇴적암에서 변성되어 만들어지는 편마암도 있고 화성암이 변성되

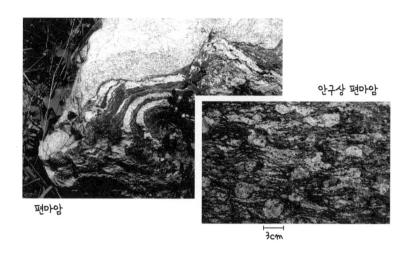

안구상 편마암

편마암

3cm

어 만들어지는 편마암도 있다. 편마암 중에서 동물의 눈알을 박아 놓은 것처럼 보이는 것도 있는데, 안구상 편마암眼球狀 片麻岩, Augen gneiss이라는 별명이 붙어 있다.

18
석회암 지대는
건드리지
마세요

핵심은 안전이다

　인터넷 검색창에 '동강댐'이라고 치면 관련 뉴스들이 줄줄이 뜬
다.

동강영월댐

'생태계 보전이냐, 용수 확보와 홍수 예방이냐.' 동강 영월댐 건설을 둘러싸고 최
근 각계에서 논란이 일고 있다. 태백에서 발원해 강원도 정선·평창·영월군을
휘감아 흐르는 동강은 천혜비경을 간직하고 있다. 이 비경은 희귀 동식물의 집단
서식처로 생태계의 보고이기도 하다. 또한 골짜기 곳곳에는 문화유산과 200개가
넘는 동굴이 감춰져 있다. 동강의 가치에 대해서는 건교부와 수자원공사도 이의
를 크게 달지 않는다. 하지만 물 확보와 홍수 예방을 위해 희생은 불가피하다는
태도다.

_매경닷컴 http://dic.mk.co.kr

사례로 든 뉴스는 '생태계 보전'과 '수자원 확보'의 대립 문제를 언급하고 있다. 그런데 정작 더 중요한 '안전의 문제'에 대해서는 언급되어 있지 않다. 동강 지역은 우리나라의 보통 지역과는 상당히 다른 암석층으로 되어 있기 때문에 안전 문제를 최우선으로 다루어야 하는데, 정책을 결정하는 과정에서 이에 대한 의식이 매우 부족했다.

한국의 석회암과 동굴

한국의 석회암은 3~5억 년 전 고생대 때 형성되었다.

고생대를 전기 중기 후기로 나누었을 때, 고생대古生代 중기까지 강원도와 평안남도는 얕은 바다였다가 후기에 이르러 육지가 되었다. 고생대 전기에 쌓인 두꺼운 퇴적층은 조선 누층군累層群, supergroup, 후기에 쌓인 지층은 평안 누층군이라는 이름으로 불린다. 조선 누층군은 두꺼운 석회암층에 사암층과 셰일층이 포함되어 있고, 평안 누층군은 석회암과 사암층, 셰일층으로 되어 있으며 석탄이 포함되어 있다. 고생대 중기에 쌓인 층은 강원도 정선군 일부 지역에 퇴적된 회동리 석회암층이 유일하다.

조선누층군 석회암+사암+셰일

회동리층 석회암

평안누층군 석회암+사암+셰일+석탄

강원도의 고생대 퇴적층은 동쪽으로 강릉, 동해, 삼척 해안선을 따라서 정선, 영월, 평창을 지난 서남쪽으로는 충북 단양, 경북 문경에 이르기까지 넓은 지역을 덮고 있다.

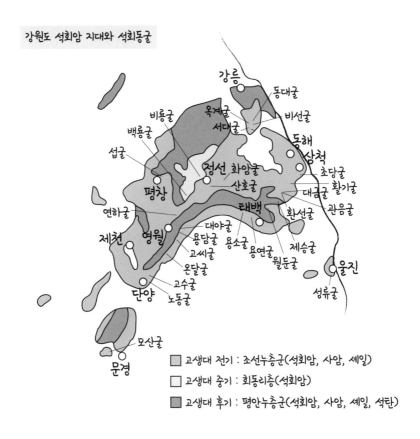

강원도 석회암 지대와 석회동굴

강릉
동대굴
비룡굴
옥계굴
비선굴
백룡굴
서대굴
섭굴
동해
삼척
정선 화암굴
초당굴
산호굴
활기굴
평창
대금굴
관음굴
연하굴
태백
환선굴
제천
영월
대야굴
용담굴 용소굴
제승굴
고씨굴
용연굴
월둔굴
울진
온달굴
고수굴
성류굴
단양
노동굴

모산굴

문경

□ 고생대 전기 : 조선누층군(석회암, 사암, 셰일)
□ 고생대 중기 : 회동리층(석회암)
■ 고생대 후기 : 평안누층군(석회암, 사암, 셰일, 석탄)

석회암은 탄산수와 반응하여 녹는 성질이 있다. 따라서 수억 년 동안 풍화가 진행되면 여기저기 벌집처럼 구멍이 뚫리고 지하수가 이동한 길을 따라서 복잡한 개미굴처럼 동굴이 생기게 마련이다. 동강 지역도 예외가 아니어서 수많은 동굴이 존재하고 있으며, 아직 그 끝이 어디인지 잘 모르거나 미처 발견되지 않은 채 베일에 싸여 있는 동굴도 많다.

또한 석회암 지대는 하천의 침식에 의해서 골짜기가 깊게 파이며 구불구불한 곡류천을 형성한다. 태백, 정선, 영월, 평창 일대의 강을 지도에 표시해보면 마치 신경다발 뉴런처럼 구불구불 복잡하기 짝이 없다.

동강 일대의 수많은 동굴들은 대부분 천연기념물이거나 지자체 기념물로 지정되어 있다. 동굴뿐만이 아니라 특이한 퇴적 구조

와 화석 산지도 천연기념물로 지정된 곳이 많으며, 희귀 동식물의 서식지이기도 하다. 댐을 건설한다면 이러한 천연자원의 소실을 감수해야 한다. 아울러 각오해야 할 것은 지진과 사태의 위험성이다. 지진과 사태는 엄청난 양의 물을 가둠으로써 지반에 가해지는 압력이 상승할 때 일어날 수 있다. 그 예로 중국의 싼샤 댐이 대표적이다.

2006년부터 물을 채우기 시작하여 2009년 완공된 중국의 싼샤 댐은 세계 최대 규모를 자랑한다. 그러나 댐 건설 이후 지진 발생 빈도가 훨씬 많아졌으며, 급기야 2008년에는 규모 8.0의 대지진이 일어나 수많은 사람들이 희생되었다. 대지진의 원인을 싼샤 댐 때문이라고 확실하게 단정할 수는 없는 일이지만, 댐 건설 이후 크고 작은 지진이 많아진 것은 사실이며 다른 나라의 댐 건설 사례에서도 싼샤 댐과 유사한 경우가 여럿 있었던 것으로 보고된다.

우리나라의 지반은 대체로 견고하고 안정적인 편이다. 왜냐하면 지하 깊은 곳의 고압 상태에서 만들어진 화성암이나 변성암으로 된 단단한 육괴가 한반도의 골격을 이루고 있기 때문이다. 그러나 강원도의 석회암 지대는 예외라고 할 수 있다. 동강 일대는 암석 중에서 가장 취약한 석회암으로 되어 있으며 오랜 세월 풍화가 진행된 지역이므로 댐을 만들기에는 매우 부적합한 지역이라고 할 수 있다.

석회암 용식 작용

빗물이나 지하수는 이산화 탄소가 녹아들어가므로 약한 산성을 띤다. 따라서 빗물과 지하수는 석회암을 녹이는 작용을 한다. 그 반응식은 아래와 같다.

$$CaCO_3(석회암) + H_2O(물) + CO_2(이산화 탄소) \Leftrightarrow Ca(HCO_3)_2(탄산수소칼슘)$$

탄산수소 칼슘은 물에 녹아서 칼슘 이온$_{Ca^{2+}}$과 탄산수소 이온 $_{HCO_3}$이 된다. 이 과정을 통해 석회 동굴이 만들어지게 되며 지표면의 용식 작용과 함몰이 일어나 카르스트$_{Karst}$ 지형이 만들어진다. 탄산수소 칼슘이 많이 녹아 있는 물이 증발하여 농도가 높아

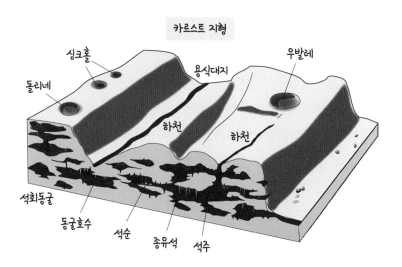

카르스트 지형

싱크홀
우발레
용식대지
돌리네
하천
하천
석회동굴
동굴호수
석순
종유석
석주

지면 역반응이 일어나기도 한다. 종유석, 석순, 석화, 석주는 역반응을 통해 빚어진 천연 조형물이다.

성인별 동굴 분류

동굴은 성인成仁에 따라서 석회 동굴, 용암 동굴, 기타 동굴로 구분할 수 있다.

석회 동굴은 석회암의 용해 작용에 의해서 만들어진다. 울진 성류굴, 익산 천호굴, 영월 고씨굴, 단양 고수굴·온달굴·노동굴, 평창 백룡굴·섭굴, 삼척 대이리 동굴지대(대금굴·관음굴·환선굴 등)·초당굴, 정선 산호굴·용소굴 등은 대한민국 천연기념물로 지정된 석회 동굴이다.

용암 동굴은 용암이 분출하여 식는 과정에서 표면이 먼저 굳은 후 내부의 용암이 빠져나가서 형성된다. 제주도에는 세계 최대 길이의 용암 동굴인 빌레못 동굴(11,749m)을 비롯하여 만장굴·김녕굴·한림 용암 동굴 지대(소천굴·황금굴·협재굴)·당처물굴·용천굴·수산굴·벵뒤굴·거문오름 용암 동굴계 상류동굴군(웃산전굴, 북오름굴, 대림굴) 등이 천연기념물로 지정되어 있다. 제주의 용암 동굴 중에는 석회질 성분이 스며들어서 종유석이 형성되는 특이한 경우도 있다.

기타 동굴은 파도 침식에 의해 형성되는 해식 동굴과 역암 동굴, 사암 동굴 등이 있는데 합천 배티셰일 동굴은 세계적으로 희귀한 셰일 동굴이다. 최근 광명시의 관광지로 유명해진 광명동굴은 금과 은을 캐기 위한 광산 갱도이므로 자연의 동굴이 아닌 인공 동굴이다.

19
공룡
찾으러
가자

원시인이 공룡과 싸웠을까?

Enter an age of unknown terrors,
pagan worship and virgin sacrifice...

"WHEN DINOSAURS
RULED THE EARTH"

포식자 공룡에 맞서 싸우는 원시인의 모험과 사랑을 그린 영화 '공룡 백만 년'은 1960년 대 후반에 제작되어 공전의 히트를 기록했다. 극장에서 영화를 본 후 아들이 아빠에게 물었다.

"아빠, 공룡은 미국에 살고 있어요?"

"공룡은 옛날에 살았는

데…, 지금은 다 죽어서 없어."

"왜 다 죽었는데요?"

"글쎄…."

"원시인들이 공룡을 다 잡아 죽인 건 아닐까요?"

"글쎄…, 학교에 가서 선생님께 여쭤봐."

다음 날 학교에 간 아들이 선생님께 질문했다.

"공룡은 왜 다 죽었나요?"

선생님은 잠시 난처한 표정을 짓더니 말했다.

"옛날에는 서울에도 호랑이가 살았어. 그런데 다 없어졌어. 공룡도 그랬을 거야."

"…."

공룡은 왜 멸종[25]했을까?

지질시대의 구분

· **지질시대**: 지구 탄생 이후 역사 시대 이전까지의 시대.

· **지질시대의 분류**: 지질 시대는 고생물의 번성과 멸종 시기를 기

---

25 공룡 멸종설에는 여러 가지가 있지만, 유성체 충돌 때문이라는 설이 가장 유력하다. 중생대 말 지름 약 10km의 유성체가 충돌한 지점은 멕시코 유카탄 반도인 것으로 추정된다. 유성체 충돌의 충격으로 생긴 칙술루브 크레이터(Chicxulub crater)의 지름은 180km나 된다.

초로 나누었기 때문에 시생대始生代, 원생대原生代, 고생대古生代, 중생대中生代, 신생대新生代와 같은 용어가 만들어졌다.

· **중생대:** 약 2억 5,000만 년 전부터 6,600만 년 전까지의 시대로 트라이아스기, 쥐라기, 백악기, 세 개의 기紀, period 구분한다. 공룡은 중생대에 번성한 대형 파충류의 한 종족이다.

· **용궁류**龍宮類, Sauropsid: 파충류와 조류를 합쳐서 부르는 용어.

얼굴뼈 측두창으로 분류하는 방법

생물의 진화를 연구하는 분지학자分枝學者들은 얼굴뼈 측면에 있는 구멍인 측두창側頭窓의 개수를 기준으로 파충류와 조류를 묶어 분류하는 방법을 선호한다. 사우롭시드Sauropsid는 도마뱀을 뜻하는 사우라Saura와 활 모양의 구멍을 뜻하는 압시스absis, 弓形가 합성된 라틴어이고, 한자어로는 용궁류龍宮類라고 한다.

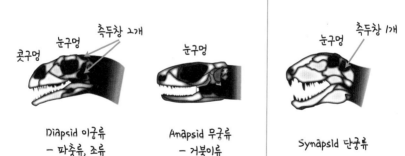

사우롭시드(Sauropsid, 용궁류)

Mammalia(포유류)

측두창 2개
눈구멍
콧구멍

Diapsid 이궁류
– 파충류, 조류

눈구멍

Anapsid 무궁류
– 거북이류

측두창 1개
눈구멍

Synapsid 단궁류

용궁류는 두개골에 있는 측두창 수에 따라서 이궁류二弓類, Di-apsid와 무궁류無弓類, Anapsid로 구분된다. 이궁류는 측두창이 두 개인 종류로 대부분의 파충류와 조류가 포함되며, 무궁류는 측두창이 없는 종류로 거북이류가 이에 해당된다.

일반적으로 공룡이라고 하면 육해공의 모든 종류를 연상하게 되지만, 분류학적으로는 하늘을 날아다니는 익룡이나 물속을 헤집고 다니는 어룡, 수장룡 등은 친척뻘일 뿐 공룡과는 별개의 종족이다.

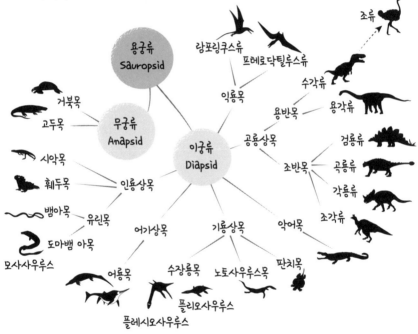

공룡은 수각류獸脚類, 용각류龍脚類, 검룡류劍龍類, 곡룡류曲龍類, 각룡류角龍類, 조각류鳥脚類 6대 종족으로 분류된다.

수각류Theropoda에서 가장 유명한 녀석은 폭군 도마뱀이란 뜻의 이름을 가진 티라노사우루스Tyrannosaurus로 제 이름에 걸맞게 영화에서는 거의 폭군으로 등장한다. 계통발생학에서는 현생 조류鳥類의 조상을 수각류인 것으로 파악하고 있다. 아마도 난폭하고 성미가 급해서 두 발로 뛰다가 날개가 돋쳐 새Bird가 된 게 아닌가 싶다.

용각류Sauropoda는 거대 초식 공룡의 무리이다. 브라키오사우루스Brachiosaurus는 만화 〈아기공룡 둘리〉의 엄마로 출연한 적이 있다.

검룡류Stegosauria는 등에 칼을 꽂은 놈들이다. 꼬리에는 날카로운 가시도 돋쳐 있어서 까칠한 성품의 소유자가 아니었을까 싶다. 스테고사우루스Stegosaurus는 영화에 단골 조연으로 출연한다.

곡룡류Ankylosauria는 갑옷룡이라고도 불린다. 등판에 둥글거나 넙적한 골판을 덕지덕지 갑옷처럼 두르고 있다.

각룡류Ceratopsia는 얼굴에 뿔이 달렸고 머리 뒤로는 주름진 방패 골격으로 치장하고 있다. 트리케라톱스Triceratops는 들소와 코뿔소를 합쳐 놓은 듯 세 개의 뿔을 달고 있어서 붙은 이름이다.

조각류Ornithopod의 얼굴은 오리를 닮았고 머리에는 족두리처럼 생긴 뼈가 솟아 있다. 평소 네 발로 걷지만 바쁠 때는 두 발로 뛰는 삼십육계 무공을 터득한 것으로 추측된다.

중생대 하늘은 날개 달린 도마뱀인 익룡翼龍, Pterosauros이 지배했던 것으로 생각된다. 익룡의 날개는 네 번째 손가락의 비막飛膜이 옆구리를 거쳐 무릎까지 연결되어 있었고, 걸을 때는 날개를 접고 사족보행四足步行을 한 것으로 알려져 있다. 익룡은 날개를 펴면 20m가 넘는 거대한 종류부터 비둘기 크기까지 다양했는데, 꼬리가 긴 종류와 꼬리가 짧은 두 종류로 구분한다.

중생대 바다에는 거대한 참치처럼 생긴 어룡魚龍과 목이 긴 수장룡首長龍과 바다의 난폭자 노토사우루스Nothosaurus와 이빨이 널빤지처럼 생긴 판치목板齒目이 번성했다.

그 밖의 종류로는 발 빠른 원시 도마뱀 시악목始顎目, 꼿꼿한 머리 고두목固頭類 등의 파충류도 번성했다.

거북목Testudines과, 유린목有鱗目, 비늘이 있는 종류, 뱀아목과 도마뱀아목으로 구분, 악어목Crocodilia은 현재까지도 명맥을 유지하고 있다.

옛도마뱀이라 불리는 훼두목喙頭目, Rhynchocephalia은 일부가 생존하는 것으로 알려져 있다.

익룡목Pterosauria, 공룡상목Dinosauria, 기룡상목Sauropterygia, 어룡목 Ichthyosauria 등은 약 6,500만 년 전에 멸종했는데, 그 시점을 기준으로 파충류의 시대인 중생대가 끝나고 포유류의 시대인 신생대가 열리게 된다.

포유류哺乳類, Mammalia는 측두창이 하나밖에 없기 때문에 단궁류單弓類, Synapsid로 분류된다.

포유류가 번성한 것은 신생대이지만, 최초의 조상은 고생대로 거슬러 올라간다. 수궁류獸弓類, Therapsid와 반룡류盤龍類, Pelycosaurs는 최초의 포유류로 분류된다. 두 종류 모두 측두창이 한 개이며 포유류와 흡사한 손가락과 발가락을 가지고 있다.

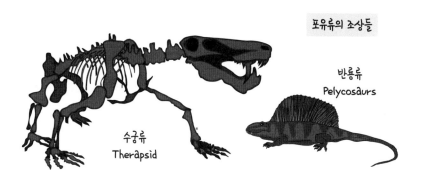

포유류의 조상들

반룡류
Pelycosaurs

수궁류
Therapsid

고생대에 출현한 포유류가 중생대에 크게 번창하지 못했던 이유는 거대 파충류들이 지구를 지배하고 있었기 때문인 것으로 추측된다. 당시의 포유류는 몸집이 작았는데 그래야 숨어 지내기에 용이했을 것이라는 학계의 의견이 있다. 또한 현생 포유류의 대부분이 색맹인 것도 공룡을 피해 야행성으로 살아야 했기 때문이라고 해석되기도 한다. 포유류가 생맹인 것은 그들의 피부색이나 털색을 보아도 알 수 있다. 개나 고양이나 사자나 곰이나 늑대 등 대부분의 포유류는 누렇거나 검거나 칙칙한 색깔의 털옷을 입고 있다. 인류도 원래는 색맹이었다가 색채 감각을 찾은 것으로 추측되고 있다.

우리 동네 지층에 화석이 있는지 알아보는 방법

30년 전만 해도 한국의 대학에서 공룡을 연구하는 학자는 많지 않았다. 한반도 어딘가에 공룡의 발자국이나 알이나 혹은 뼈가 튀어나와 있더라도 대다수 사람들은 알아보지 못하고 무심히 지나쳤을 것이다. 그러나 연구자들이 점차 늘면서 해남, 보성, 여수, 화순, 고성 등 남해안 일대에 많은 화석들이 발굴되었다. 그러나 여전히 지층 속에 숨겨져 있는 화석들도 많을 것이다.

혹시 우리 동네에 공룡 화석이 있지 않을까? 이런 생각이 든다면 먼저 확인할 것이 있다. 과연 우리 동네의 암석이 화석을 포함할 가능성이 있는지를 파악하는 것이다. 만약 동네의 암석이 마그마가 식어서 된 화성암이라든지, 높은 압력과 열을 받은 변성암으로 되어 있다든지 한다면 화석이 나올 가능성이 매우 희박하기 때문이다.

　화석은 생물체가 매몰 작용에 의해 퇴적층 속에 묻힌 후 유해나 그 흔적이 파괴되지 않고 오랫동안 잘 보존되어 있어야 하므로 주로 퇴적암에서 발견된다. 진흙이 쌓여 만들어진 셰일, 모래가 쌓여 만들어진 사암, 탄산칼슘이 침전하여 만들어진 석회암은 화석이 포함될 수 있는 최고의 암석들이다.

　우리 동네 암석이 셰일인지 사암인지 석회암인지 하는 정보는 고맙게도 한국지질자원연구원(www.kigam.re.kr) 홈페이지에 회원 가입 후 인터넷 접속하면 무료로 얻을 수 있다.

(출처: 한국 지질자원연구원 www.kigam.re.kr)

　한국지질자원연구원 초기 화면에서 왼쪽에 위치한 '지질도 검색' 버튼을 누르면 새 페이지(mgeo.kigam.re.kr)가 뜨고, 이어서 왼쪽

메뉴의 '지질주제도'를 클릭한 후 보이는 아이콘들 중에서 첫 번째 '지질도' 버튼을 클릭하면 여러 축척의 지질도 서비스를 이용할 수 있다.

홈페이지가 제공하는 여러 지질도 중에서 5만 지질도가 가장 상세하니 선택한다. 지질도가 뜨면 화면의 아래에 주소 검색창을 클릭하여 주소를 검색한다. 예를 들어 '해남군 우항리'라고 치면 해당 지역의 지질도가 뜬다. 그런데 이 지역에 분포하고 있는 암석은 약속된 범례 무늬 형식으로 되어 있어서 처음 보는 사람은 암석 이름을 알 수가 없다. 그렇지만 답답해하지 말고 지질도 좌측 상단에 '이용시 참고사항'이라는 정보 버튼을 클릭한 후, 마우스 포인터를 옮겨 궁금한 지역을 클릭한다. 그러면 방금 지정한 지역의 암석이 무엇인지에 대해 상세하고 친절한 설명이 제공된다.

해남군 우항리 지역의 암석 정보는 '중생대 백악기 응회암층'으로 뜬다. 중생대는 공룡의 전성시대였다. 더구나 응회암층이라니! 응회암은 화산재가 쌓여서 만들어지는 암석이다. 화산이 폭발하고 화산재가 쌓이는 경우에는 미처 대피하지 못한 많은 생물들이 화석이 되는 경우가 흔하다. 실제로 해남군 우항리는 공룡 화석이 무더기로 산출되어 공룡박물관이 세워진 지역이다.

지질자원연구원의 지질도 정보는 오랜 기간 많은 사람들의 노고로 만들어진 빅 데이터의 하나라고 할 수 있다. 이 정보는 단순히 공룡 화석을 찾는 데에만 사용되는 것이 아니다. 학생들의 경우 자기 고장의 암석이 무엇인지 사전 조사한 후 직접 답사하고 이를 탐구보고서로 작성해본다면 자기 고장의 가치에 대해서 보다 더 잘 알게 될 것이다.

암석이 풍화되면 토양이 된다. 암석이 아닌 토양에 관한 상세한 정보를 얻고자 한다면 국립농업과학원 홈페이지 '흙토람(soil.rda.go.kr)'을 이용하는 것이 좋다.

달밤의 낭만 데이트

달도 달 나름이지

상현달이 뜨는 음력 7일 경, 민호는 휴대폰 문자로 수지에게 낭만 데이트를 신청했다.

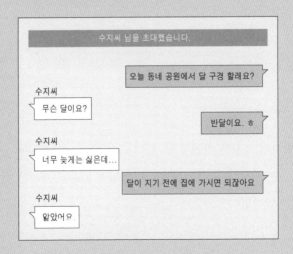

민호와 수지는 저녁에 만나서 데이트를 즐기고 약속대로 자정 무렵에 각자 집으로 돌아갔다.

2주일이 지났을 때, 민호가 그날 밤 수지와의 데이트를 어벙이에게 자랑했다. 부러웠던 어벙이는 민호가 했던 것처럼 노미에게 문자를 보냈다.

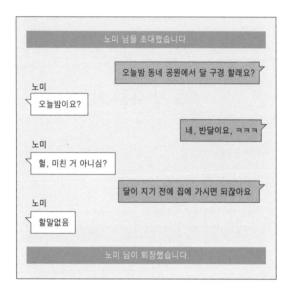

어벙이의 요청은 완전히 무시당하고 말았다. 반달도 두 종류가 있고 뜨는 시각이 다르다는 것을 어벙이는 몰랐다. 그날은 하현달이 뜨는 날이었다.

데이트 성공을 위한 달 기초 지식

· **달**: 지구의 위성인 달의 지름은 지구의 약 4분의 1인 3,474km 이다. 지구 중심으로부터 달 중심까지의 거리는 평균 38만 4,400km이다.

· **달의 위상**: 태양 빛에 의하여 반사된 월면의 모습을 지구에서 볼 때 나타나는 모양이다. 삭(음력 초하루, 달이 안 보임) – 초승달(음력 2~3일) – 상현달(음력 7~8일) – 망(보름달, 15~16일) – 하현달(음력 22~23일) – 그믐달(음력 27~28일)의 형태로 바뀐다.

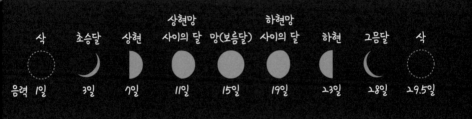

그림은 지구의 북반구에서 보는 달의 모습이다. 남반구에서 보면 거꾸로 서서 보는 것과 같기 때문에 달의 위상은 뒤집어진 역상으로 보인다. 적도 지방에서 보면 달의 모양이 상하 방향으로 변한다.

· **태양력**: 태양이 천구상의 한 지점인 춘분점에서 출발하여 다시

춘분점까지 되돌아오는 데 걸리는 시간을 1년의 기준으로 삼는 역법이다. 1년의 길이는 약 365.2422일이다.

· **태음력**: 달의 위상에 맞추어 만든 역법이다. 삭에서 다시 삭이 되는데 걸리는 시간이 29.5일을 한 달의 기준으로 삼는다.

달 모양에 따라서 뜨고 지는 시각

지구의 시간은 태양의 위치가 어디에 있는지에 따라서 결정되고, 달의 모양위상은 태양 광선이 비추는 각도에 의해서 결정된다. 그러므로 달의 뜨고 지는 시각도 달의 위상에 따라서 정해져 있는 셈이 된다.

상현달은 한낮 정오에 동쪽 지평선에 뜨기 시작해서 오후 6시에 남중하고 자정에 서쪽 지평선으로 진다. 반면에 하현달은 자정에 동쪽 지평선에 뜨기 시작해서 오전 6시에 남중하고 한낮 정오

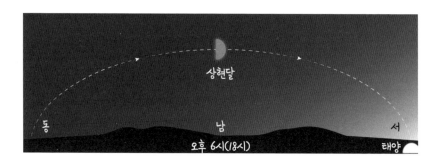

에 서쪽 지평선으로 지게 된다.

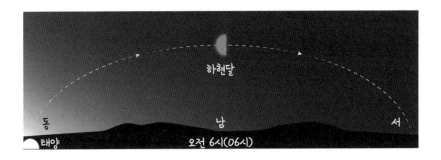

보름달의 경우는 어떨까? 보름달은 지구를 사이에 두고 태양과 정반대의 위치에 있는 경우이므로 저녁 6시 무렵에 뜨기 시작하여 자정에 남중하고 새벽 6시 무렵에 진다. 따라서 보름달이 뜰 때에는 밤길이 환하므로 장이 서거나 축제하기에 적합한 날이 된다. 정월 대보름이나 한가위와 같은 명절도 모두 보름달이 뜨는 날이다.

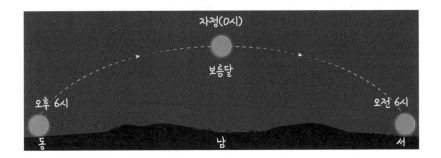

달의 모양_{위상}과 뜨고 지는 시각은 달이 태양에 대해서 어느 위치에 있느냐에 의해 결정된다. 지구를 꼭짓점으로 달과 태양이 90° 방향에 있을 때 달의 모양은 상현달 또는 하현달이 된다. 지구를 중심으로 달과 태양이 정반대 쪽에 있으면 보름인 망望이고, 달과 태양이 동일한 방향에 있으면 달이 보이지 않게 되는데 이때가 음력 초하루 삭朔이다.

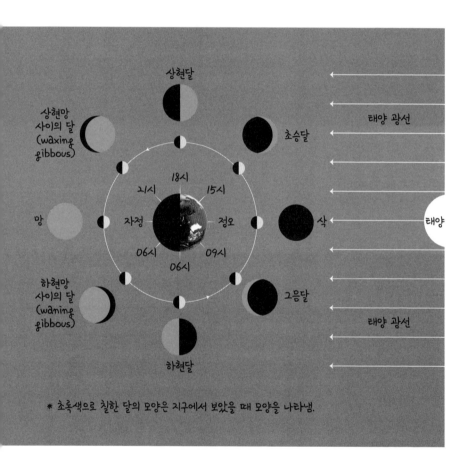

* 초록색으로 칠한 달의 모양은 지구에서 보았을 때 모양을 나타냄.

달의 위상을 나타내는 그림은 지구의 자전 방향과 달의 공전 방향이 반시계 방향인 북반구를 기준으로 나타낸 것이다. 지구의 시각은 태양의 위치에 따라서 정해진다. 따라서 지구의 특정 시간에 잘 보이는 달의 모양은 각각 다르며 관측할 수 있는 시간대도 달라진다. 밤에 달을 볼 수 있는 시간의 길이는 달의 위상이 클수록 길어진다. 망일 때 보름달은 열두 시간 밤새 볼 수 있으며, 상현달은 저녁부터 자정까지 여섯 시간, 하현달은 자정부터 새벽까지 여섯 시간, 초승달은 초저녁에 한두 시간, 그믐달은 새벽에 한두 시간 정도 볼 수 있다.

음력 한 달은 390°

태음력(음력)은 매일 변하는 달의 모양에 맞추어 만든 역법이다. 달이 음력 1일 삭에서 출발하여 다시 삭이 되는 데 걸리는 시간을 삭망월이라고 하며 약 29.5일이 걸린다. 얼핏 생각하기에는 달이 지구를 한 바퀴 공전하면 음력 한 달이 될 것 같지만 실제로는 그렇지가 않다. 왜냐하면 달이 지구를 공전하는 동안 지구의 위치가 계속 달라지기 때문이다. 음력 1일 삭일 때 지구-달-태양은 직선상에 위치한다. 그러나 달은 지구에 대하여 하루에 약 13° 공전하고, 지구는 태양에 대해서 하루에 약 1° 공전한다. 따라서 직선상의 위치 관계는 이내 틀어지게 되어 다시금 지구-달-태양 순으로 일직선이 되려면 달이 지구를 390° 정도 회전해야 비로소 가능하다.

삭망월 개념도는 음력 1일 삭에서 출발한 달이 왜 390°나 공전 해야 다시 삭이 되는지를 나타내고 있다. 그림에서 태양, 지구, 달의 크기는 과장되어 있으며 천체 간의 거리는 엄청나게 축소되어 있다.

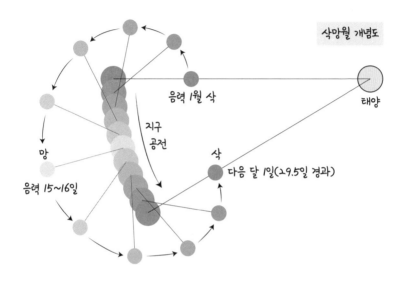

음력 1월 삭

태양

지구
공전

망

삭

음력 15~16일

다음 달 1일(29.5일 경과)

삭망월 개념도

개념도를 실제 비례로 나타내면 지구와 달은 작은 점이 되고, 각각의 공전 궤도는 완만한 지그재그 모양으로 나타난다.

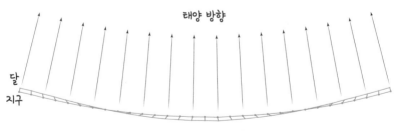

태양 방향

달
지구

실제 비례로 그린 지구와 달의 궤도

멀리 있는 별에 대해서 달의 위치를 파악하면 달의 순수한 공전 주기를 구할 수 있다. 멀리 있는 별에 대해서는 지구가 움직이지 않고 정지해 있는 상태와 마찬가지이기 때문이다. 달의 순수한 공전 주기는 약 27.3일인데 이를 항성월이라고 한다. 그러므로 우리가 쓰는 음력 삭망월(29.5일)은 달의 공전 주기인 항성월(27.3일)보다 2.2일이나 길다.

윤년 삽입의 원리는?

우리가 일상에 쓰는 태양력의 1년은 약 365.2422일이다. 그러므로 1년을 365일로 하면 매년 0.2422일의 자투리가 남게 된다. 고대 로마의 정치가 율리우스 카이사르[26]는 자투리가 누적되는 것을 상쇄하기 위해 4년마다 1일을 삽입하여 366일의 윤년을 두기로 공표했다. 즉 4로 나누어 정수배가 되는 해를 윤년으로 정한 것이다. 이 경우는 1년의 평균 길이가 365.25일 되므로 지구의 공전 주기와 엇비슷한 시간이 된다. 그렇지만 엄밀하게는 1년에 0.0078일씩 과하게 시간을 더한 꼴이어서 128년이 지나면 1일 정도 편차가 생기게 된다.

율리우스가 만든 역법은 오래도록 쓰이다가 1582년 교황 그레

---

26 Julius Caesar(BC100~BC44).

고리오 13세[27]에 의해 그레고리 역법으로 바뀌게 된다. 율리우스 역법에서는 400년 동안 100회의 윤년이 존재했지만, 그레고리 역법에서는 3회의 윤년을 평년으로 되돌려서 윤년이 97회만 되도록 조정되었다.

그레고리 역법 시행으로 윤년이었다가 평년으로 강등된 해는 언제일까? 그레고리 역법은 다음과 같은 단서 조항을 달았다.

"4의 배수인 해는 윤년으로 한다. 단, 100의 배수이면서 400의 배수가 되지 못하는 해는 평년이 된다."

오늘날 우리가 쓰는 태양력은 그레고리 역법이다. 위 조항을 적용하면 1700년, 1800년, 1900년은 100의 배수이면서 400의 배수가 아니므로 평년이 된다. 2000년은 400의 배수이므로 윤년이다.

선조들이 사용한 복합 달력

태양태음력은 양력과 음력을 혼용하는 달력이다. 한국을 비롯한 중국, 일본, 베트남 등의 동양권에서는 옛날부터 태양태음력을 사용했다. 양력만 쓰지 않고 음력을 함께 쓴 이유는 무엇일까?

태양을 보고 날짜를 아는 것은 매우 어려운 일이다. 그 대신 달의 모양을 보면서 날짜를 헤아리는 일은 매우 쉽다. 달 모양이 그림 달력의 역할을 하는 때문이다. 그러므로 선조들이 음력을 일상

---

27 Gregorius PP. XIII.

생활에 사용하도록 한 것은 누구나 날짜를 쉽게 파악할 수 있도록 하기 위해서였다.

음력의 작은 달은 29일이고 큰 달은 30일이므로, 음력 한 달의 평균 일수는 29.5일이다. 따라서 음력의 1년 12달은 354일이 된다. 이는 태양력의 1년인 365일에 비해서 무려 11일이나 부족하다. 11일이나 부족한 달력을 조정하지 않고 그대로 쓰면 어떤 일이 일어날까? 2년이 지나면 22일이 부족해지고, 3년이 지나면 33일이 부족해질 것이고, 10여 년이 지나면 한여름에 새해 떡국을 먹어야 하는 일도 생길 것이다. 이 같은 일이 생기는 것을 방지하기 위해서 음력은 19년에 일곱 번의 윤달을 넣는다. 그래서 음력 5월이 지나고 또 윤5월이 있기도 하는 것이다. 옛날 사람들은 윤달을 공짜로 생긴 달, 귀신도 휴업하는 달이라고 여기고 이사를 가거나 묘를 이장하는 경우가 흔했다고 한다.

그런데 19년에 일곱 번의 윤달을 넣는다고 해도 태음력이 계절 변화와 잘 맞을 수는 없다. 그래서 농사를 지을 때는 계절 변화와 잘 맞는 태양력을 기준으로 했다. 태양력의 1년을 24등분하여 입춘, 우수, 경칩, 춘분, 청명, 곡우, 입하, 망종, 하지, 소서, 대서, 입추, 처서, 백로, 추분, 한로, 상강, 입동, 소설, 대설, 동지, 소한, 대한이라는 명칭을 붙이고 이를 농사짓기에 참고하도록 한 것이다. 그러므로 24절기는 음력이 아니라 양력인 것이다.

24절기는 1년 동안 황도를 따라 이동하는 태양의 위치를 15° 간격으로 24등분하여 정한다. 24절기는 모두 의미 있는 이름을 붙인 것이므로 농경의 지침서[28]와 같은 역할을 하게도 된다. 예를 들면 망종(芒種, 양력 6월 6일 경)에는 벼나 보리 등 수염이 있는 곡식의 씨앗을 뿌리고, 한로(寒露, 양력 10월 8일 경)에는 찬 이슬이 맺히니 가을걷이 추수를 서둘러야 한다.

지구 공전에 의한 태양의 위치 변화 → 춘분 이후 6개월 동안 태양은 북반구에 위치하고, 추분 이후 6개월 동안은 남반구에 위치하여 계절의 변화를 일으킨다.

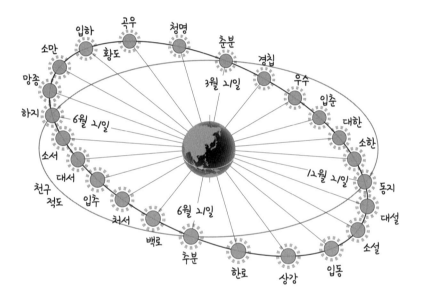

---

28 24절기의 날씨는 주나라 때 화북 지방의 날씨를 기준으로 붙인 것으로 알려져 있다. 따라서 한반도의 날씨와는 차이가 있을 수 있다.

21
정조 때 조금
때를 기다렸던
사람들

아··· 세월호

2014년 4월 16일.

세월호 사고[29] 소식이 전해지자 전국 각지의 민간 잠수부원들

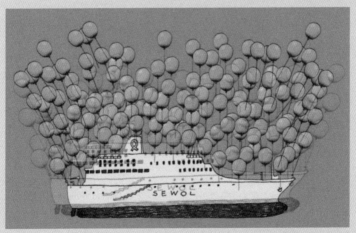

(출처: i.ytimg.com)

이 속속 모여들기 시작했다. 침몰한 세월호 내부에 있을 생존자들을 조속히 구출해야 했다.

세월호가 침몰한 지역은 맹골수도孟骨水道: 맹골도와 거차도 사이의 물길라 불리는 곳으로 조류가 빠르기로 유명한 곳이다.

잠수부들은 초속 3m가 넘는 강한 조류에 휩쓸려가지 않기 위해 밧줄로 몸을 묶고 선체에 매달려 구조 작업을 해야 했다.

체력이 바닥나는 극한의 상황에서 잠수부들은 정조 때가 오기를 학수고대하면서 구조 작업에 매달렸다.

"정조가 되려면 아직 멀었나?"

"아직 두 시간은 더 기다려야 할 거야."

근처 고깃배에서 어부들이 걱정스런 얼굴로 대화하고 있었다.

"시방 음력으로 며칠이제?"

"보름이 그제였으니까, 삼월 십칠 일이제."

"어허이~ 여적 한사리구만, 댓새는 지나야 조금[30]인디…."

"우짜쓰까~. 물때도 야속하요. 구조 작업이 엔간히 힘들겠어라."

---

29 세월호 침몰 사고(영어: Sinking of MV Sewol)는 2014년 4월 16일 오전 8시 50분경 대한민국 전라남도 진도군 조도면 부근 해상에서 여객선 세월호가 전복되어 침몰한 사고이다. 세월호는 안산시의 단원고등학교 학생이 주요 구성원을 이루는 탑승인원 476명을 수용한 청해진해운 소속의 인천발 제주행 연안 여객선으로 4월 16일 오전 8시 58분에 병풍도 북쪽 20km 인근에서 조난 신호를 보냈다. 2014년 4월 18일 세월호는 완전히 침몰하였으며, 이 사고로 시신 미수습자 9명을 포함한 304명이 사망하였다. 침몰 사고 생존자 172명 중 절반 이상은 해양경찰보다 약 40분 늦게 도착한 어선 등 민간 선박에 의해 구조되었다. 3년 동안 인양을 미뤄오다가 2017년 3월 10일 제18대 대통령 박근혜가 파면되고 12일 후인 2017년 3월 22일부터 인양을 시작했다.(위키백과)
30 조석간만의 차가 가장 작은 때. 본서 214쪽 그림 참조.

잠수부들은 정조 때를 기다렸고, 어부들은 물때를 야속해했다. 온 국민은 발을 동동 굴렀다.

조석에 관한 기초 용어

· **기조력**조석력: 차등 중력에 의한 힘이다. 달·태양·지구 사이에 작용하는 중력과 원심력이 합성되어 나타나는 힘으로 지구의 바닷물을 끌어당겨 여러 가지 조석 현상을 일으킨다.

· **조류**潮流: 조석 현상에 의해 생기는 밀물들물과 썰물날물의 흐름. 조류의 방향은 일반적으로 하루에 네 번 방향을 바꾼다.

· **만조**: 밀물 때 해안의 수위가 가장 높아진 상태. 고조高潮라고도 한다.

· **간조**: 썰물 때 해안의 수위가 가장 낮아진 상태. 저조低潮라고도 한다.

· **정조**: 만조와 간조의 평균 수위가 되어 수평 방향의 유속이 0인 상태.

· **조차**: 만조와 간조 때 해수면의 높이차.

조석 현상과 조류에 대하여

1687년 아이작 뉴턴[31]은 만유인력의 법칙을 발표했다.

"질량을 가진 두 물체는 끌어당기는 힘을 가집니다. 그 힘은 두 물체의 질량에 비례하고 거리 제곱에 반비례합니다. 우주의 만물은 서로 끌어당기는 힘이 있는 것이지요."

지구와 달도 마찬가지다. 지구는 달을 끌어당기고 달은 지구를 끌어당긴다.

지구와 달 사이에 끌어당기는 만유인력만 있다면 어떨까? 달과 지구는 충돌하여 한 덩어리의 떡처럼 들러붙어야 마땅할 것이다. 그런데도 지구와 달이 떡이 되지 않는 것은 원 운동 덕분이다.

45억 년 전, 우주 공간을 날아가고 있던 달은 관성의 법칙에 따라서 직진하고 있었다. 그런데 지구의 중력장에 진입하면서 지구가 달의 옆구리를 잡아끌기 시작했다. 달은 앞만 보고 달리고 싶었으나 지구가 잡아끄는 힘이 만만치 않았다. 이윽고 달은 지구에 붙잡혔다. 그렇지만 달이 지구 쪽으로 완전히 끌려올 정도로 약한 존재는 아니었다. 달은 지구 주위를 타원형으로 선회하면서 원심력으로 버텼다. 지구도 달을 완전히 잡아당기기에는 힘이 부족했다. 결국 원심력과 만유인력이 팽팽한 균형을 이룬 상태로 달이 지구 주위를 공전하게 되었다.

그런데 달만 일방적으로 공전하는 것은 아니다. 지구도 달에 끌려가지 않으려면 마찬가지로 공전해야 한다. 만약 지구와 달의 질량이 1 대 1로 똑같았다면 지구와 달은 아령이 돌아가듯이 마주

---

31 Isaac Newton(1642~1727). 영국의 물리학자이자 수학자. 근대이론과학의 선구자.

보며 빙글빙글 돌았을 것이다. 다행이 지구와 달의 질량의 차이는 매우 커서 달의 질량은 지구 질량의 80분의 1 정도이기 때문에 회전의 중심점은 1:80의 거리에 형성된다. 그 중심점을 공통질량중심이라고 하는데, 지구의 중심에서 달 쪽으로 약 4,800km 거리(지구 반지름의 3/4이 되는 곳)만큼 떨어진 지점에 형성되어 있다. 그리고 달과 지구는 그 공통질량중심을 회전하는 운동을 하고 있다.

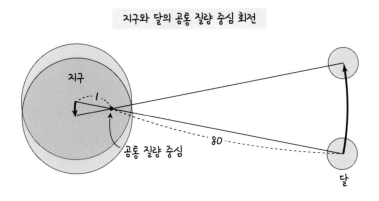

지구와 달의 공통 질량 중심 회전

달의 만유인력과 지구의 원심력은 전체적으로 균형을 이루고 있지만, 국지적으로는 힘의 차이가 있다. 지구에 작용하는 달의 만유인력은 달에 가까운 지역일수록 크고 달에서 먼 지역은 작다. 만유인력은 거리 제곱에 반비례하는 힘이기 때문이다. 반면에 원심력은 지구가 공통질량중심을 회전하는 속도에 의해 결정되므로 크기와 방향이 지구 어디에서나 동일하다. 두 힘의 이러한 차이가 기조력을 만들어낸다. 그 결과로 지구의 해수는 달을 향한 쪽과 반대쪽이 모두 부풀어 오른 상태가 된다. 이 상태에서 지구는 하루에 한 바퀴 자전하므로 만조와 간조가 각각 하루 2회 일어나게 된다.

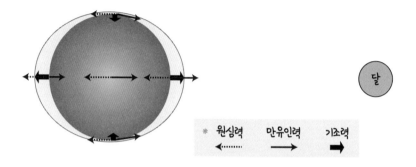

그런데 간·만조 시각은 매일 50분씩 늦춰지게 된다. 왜냐하면 지구가 한 바퀴를 자전하는 동안에 달이 약 13° 정도의 각거리를 공전하여 이동하기 때문이다.

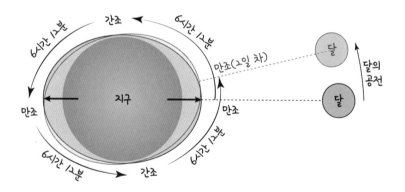

조류는 해안을 향해 바닷물이 밀려들어오는 밀물과 해안 멀리로 물이 빠져나가는 썰물의 흐름을 말한다. 지구의 자전과 달의 공전에 의한 위치 변화를 고려하면 밀물과 썰물의 흐름 방향이 바뀌는 데에는 6시간 12분 남짓 걸린다. 흐름이 바뀔 때에는 조류의 속도가 0이 되는데 이때를 정조停潮라고 한다. 해난 구조 작업 때 잠수부들이 정조 때를 기다리는 이유는 바로 조류의 속도가 최소로 줄어드는 막간의 정조 시간을 최대한 활용하기 위해서이다.

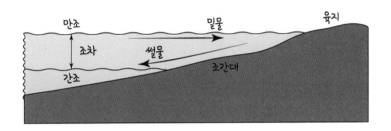

사리 때 빨라지는 조류

만조와 간조의 높이차를 조차라고 한다. 그런데 동일한 지역이라도 조차는 매일 달라져서 2주 간격으로 최대 조차를 보이는 사리와 최소 조차를 보이는 조금을 반복한다.

사리의 밀물 때에는 바닷물이 많이 들어왔다가 썰물일 때 아주 낮은 수위로 물이 빠지기 때문에 조류의 속도가 빠르다. 사리의 썰물 때는 갯벌이 넓게 드러나게 되므로 모세의 기적처럼 섬까지 바닷길이 열리는 경우도 흔히 생긴다.

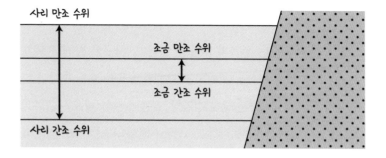

사리와 조금을 반복하는 까닭은 왜일까? 이는 조석 현상에 달만이 아니라 태양도 참여하기 때문이다. 태양도 엄연히 지구를 잡아당기고 있으니 그럴 수밖에 없다. 태양의 질량은 엄청나게 커서 달에 비할 바가 아니지만 거리가 멀기 때문에 조석력은 달의 절반 정도밖에 안 된다.

사리는 보름달이 뜨는 망일 때와, 음력 초승 삭일 때 일어난다. 그 이유는 지구, 달, 태양이 일직선에 놓여서 달과 태양의 인력이 합세하기 때문이다. 달의 조석력이 1이라면 태양의 조석력은 0.5 정도이므로 달과 태양이 일직선에 놓이면 1.5의 조석력이 되는 셈이다. 달이 태양 쪽에 있거나 혹은 정반대 쪽에 있거나 무관하다. 어차피 기조력은 양방향으로 작용하기 때문이다.

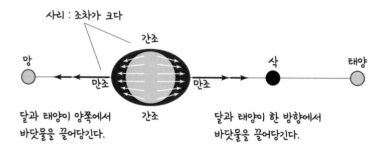

조금은 사리와 상반되는 현상이다. 태양과 달이 90도 방향에 놓여서 기조력이 분산되는 상현과 하현 때 일어난다. 조금 때에는 조차가 최소한으로 작아지기 때문에 만조 높이는 평소보다 낮고, 간조 높이는 평소보다 높다. 따라서 사리 간조 때 잘 드러나던 갯벌도 조금 때에는 그다지 넓게 드러나지 않는다. 대신 조류의 속도가 느려지므로 씨알 굵은 물고기가 많이 잡힌다고 낚시꾼들은 전한다.

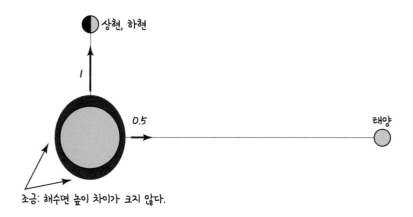

만조는 하루에 두 번인가 한 번인가

지구의 자전축이 기울어져 있기 때문에 하루에 두 번 일어나는 만조의 높이가 대개는 같지 않다. 또한 만조에서 다음 만조까지 걸리는 시간 간격이 12시간 25분인 것도 평균값에 지나지 않는다. 그래서 지역마다 만조에서 다음 만조까지 걸리는 시간이 불균등

한데 이를 일조부등이라고 한다. 또한 지구의 모든 지역이 하루에 두 번 만조가 일어나는 것이 아니다. 극지방의 해역은 하루에 한 번만 만조가 일어난다. 이는 지구의 물이 적도 방향으로 많이 쏠리기 때문인데 그나마 지구의 자전축이 기울어 있기 때문에 극지방에도 한 번은 만조가 일어나는 것이라고 할 수 있다. 그래서 중위도의 조석 현상은 반일주조(1일 2회조), 극지방의 조석 현상은 일주조(1일 1회조)라고 부른다.

달의 남중 시각과 만조 시각도 일치하지 않는다. 바닷물이 조류에 의해서 이동하는 데 시간이 걸리기 때문이다. 더욱이 해안선이 복잡한 경우에는 만조 시각의 편차가 심해진다. 그래서 서해안에 위치한 군산항과 인천항의 간만조 시각이 동일하지 않다.

아울러 황해처럼 물골이 발달하는 얕은 바다는 물이 휘돌면서 조차가 없는 지점도 생긴다. 심청이 뛰어내린 인당수가 바로 그와 같은 곳이라고 알려져 있는데, 이를 무조위점이라고 한다. 이처럼 조석 현상은 영향을 미치는 변수들이 많기 때문에 과거의 통계 자료를 토대로 각 지역의 간만조 시각을 전부 다르게 예보하게 된다.

22
세상이 다시
보인다, 아하!
상대성 원리

총알 위에 올라탄 인생

기관총에서 발사되는 총알의 속도[32]는 초속 900m 정도라고 한다.

그렇다면 하루에 한 바퀴씩 자전하는 지구 지표의 속도가 총알

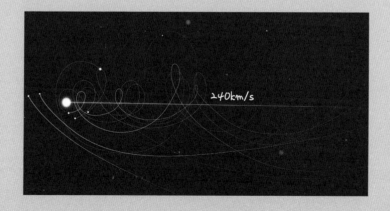

보다 빠를까? 북극이나 남극은 자전축의 꼭짓점이므로 자전 속도가 0이고, 적도의 지표는 가장 큰 회전 반지름으로 한 바퀴 돌아야 하니 다른 지역에 비해서 회전 속도가 가장 빠르다. 적도 지표의 회전 속도가 얼마나 될까? 계산기를 두드려보니 초속 460m 정도, 그러니까 적도의 자전 속도는 총알 속도의 절반쯤 되겠다. 그런데 지구가 태양 주위를 공전하는 속도에 비하면 적도의 자전 속도는 애벌레가 기어가는 수준에 불과하다. 지구의 공전 속도는 초속 30km로 총알 속도의 30배가 넘기 때문이다. 만약 지구가 급정거라도 하는 날에는 누구나 로켓을 타지 않고도 지구 밖으로 튀어나갈 수 있으리라. 헌데 아직 멀미하기는 이르다. 태양이 은하계를 회전하는 속도는 지구 공전 속도의 여덟 배인 초속 240km나 되기 때문이다. 행성들, 위성들, 소행성 무리, 혜성과 유성체 등의 태양계 식구들은 태양의 중력장에 가두어진 운명이므로 지구 역시 태양을 따라 무시무시한 속도로 우주 공간을 질주해야 한다.

좀 더 시야를 넓혀보면, 우주는 광속보다 빠르게 팽창하고 있다. 우주 팽창으로 인해 은하와 은하는 상대적으로 멀어지는 중이다. 우주 공간의 모든 점들은 세찬 바람에 흩날리는 꽃가루처럼 시시각각 위치가 변한다. 위치 변동에는 특정한 중심이 없으므로 천체들의 움직임은 모두 상대적인 속도로만 나타낼 수 있다. 속도의 수치는 어떤 기준계에 대한 상대적인 속도일 뿐이다. 예로 지

---

32 속력과 속도: 속력은 '빠르기' 자체를 의미하고, 속도는 '빠르기'에 '방향'까지 고려한 개념이다. 이 책에서는 간결한 설명을 위하여 두 개념을 구분하지 않고 '속도'라는 단일 용어로 서술한다.

구의 공전 속도가 초속 30km라는 것은 태양이라는 기준계에 대한 속도일 뿐 우주 공간에 대한 것이 아니다. 절대적인 기준계가 없는 상태에서는 절대적인 시간도 없다. 이는 아인슈타인의 상대성 원리에 의해서 밝혀진 사실이다.

아인슈타인의 상대성 원리는 현대 문명의 여러 곳에 응용되고 있다. 흔히 '내비'라고 불리는 항법장치는 GPS Global Positioning System 위성의 전파 신호를 받아 운영되는 것으로 항공기나 선박의 운항에도 이용된다. 그런데 고속으로 지구 주위를 회전하고 있는 GPS 위성들은 아인슈타인의 상대성 이론을 바탕으로 시간 보정을 하지 않으면 무용지물이 된다. 빠른 속도로 움직이는 위성 내부의 시계는 상대성 원리에 의해 시간이 느리게 가기 때문이다. 대신 지구에서 멀리 떨어져 있는 위성들은 중력을 적게 받으므로 그만큼 시간이 빨라지는 효과도 생긴다. 그러므로 두 가지 효과를 가감하여 시간 보정을 해야 한다.

원자력 발전소의 발전 원리도 아인슈타인의 상대성 이론에 의한 것이며, 심지어는 원자폭탄을 제조하게 된 것도 상대성 이론에 의한 발명이다. 상대성 이론은 대체 어떤 것일까?

상대성 원리의 이해를 위한 기초 개념

· **갈릴레이[33]의 상대성 원리:** 모든 운동은 상대적이다. 등속 운농

을 하는 모든 관찰자에게는 동일한 물리 법칙이 적용된다.

[예] 등속으로 달리는 배 안에서 적용되는 물리 법칙은 정지한 상태의 배에서 적용되는 물리 법칙과 동일하다. 배가 일정한 속도로 움직이고 있으면 배가 정지한 것인지 움직이는 것인지 느낄 수가 없다.

· **갈릴레이 속도 덧셈의 법칙:** 움직이는 물체의 속도는 더하거나 뺄 수가 있다.($V=V_1+V_2$)

[예] 시속 100km로 움직이는 기차 안에서 사람이 시속 10km로 달리는 경우, 사람이 앞쪽으로 달리면 기차 밖의 기준계에서 볼 때 사람의 이동 속도는 시속 110km가 되고, 사람이 뒤쪽으로 달리면 사람의 이동 속도는 90km가 된다.

· **광속(C) 불변의 법칙:** 빛의 물리학에서 광속을 의미하는 글자는 C로, 빠른 속도를 의미하는 라틴어 Celeritas의 앞 글자를 딴 것이다. 광속은 갈릴레이의 속도 덧셈의 법칙이 적용되지 않는다. 진공 중에서 빛의 속도는 관측자의 속도와 관계없이 초속 30만km[34]로 일정하다. 빛의 속도가 일정하다는 사실은 과학자 마이컬슨-몰리의 측정에 의해서 입증되었다.

---

33 갈릴레오 갈릴레이(Galileo Galilei, 1564~1642). 이탈리아의 천문학자이자 물리학자·수학자.
34 빛의 속도 30만km/s는 진공 중에서의 속도이며, 물이나 유리와 같은 매질 속을 진행하는 빛은 진공에서보다 3분의 2 정도의 속도 수준으로 감소한다. 공기 중에서도 빛의 속도는 감소하지만, 그 감소폭은 매우 작으므로 무시해도 좋을 수준이다.

[예] 정지 상태의 관측자가 측정한 빛의 속도는 30만km/s, 시속 1만km로 움직이는 우주선에서 측정한 빛의 속도도 30만km/s.

· **아인슈타인 속도 덧셈의 법칙:** 광속에 어떤 속도를 더해도 광속이 되므로 갈릴레이의 속도 덧셈의 법칙 공식은 수정되어야 한다. 아인슈타인이 만든 속도 덧셈의 공식은 다음과 같다.

$$V = \frac{V_1 + V_2}{1 + \dfrac{V_1 V_2}{C^2}}$$

아인슈타인 속도 덧셈의 공식을 이용하면 V_1이나 V_2 중의 어느 한 쪽이라도 속도가 C(광속)이면 합속도(V)는 C가 나오게 된다.

달콩 씨의 우주여행

달콩 씨는 지구에서 11광년 떨어진 프로키온 항성계를 향해 떠나는 광자로켓에 몸을 실었다. 광자로켓 여행은 처음인지라 달콩 씨는 긴장하여 심장이 두근거렸다. 인공지능을 장착한 휴머노이드 안내원이 미소를 지으며 다가와 상냥한 목소리로 말했다.

"초행길이신 모양인데요, 마음 놓으셔도 됩니다. 우리 광켓은 매우 안전하답니다."

"가는 데 얼마나 걸리나요?"

"광켓 시간계로 18일 정도 걸립니다. 말벗 로봇이 필요하시면

비트코인으로 추가 결제하시면 됩니다."

"말벗 로봇? 아니요…, 광켓은 심장에 무리를 주지 않나요? 허수질량변환기 고장으로 심장이 터져 응급치료를 받은 사람이 있었다고 들었어요."

"그건 경쟁사가 퍼뜨린 가짜뉴스입니다. 우리 광켓은 보통 0.99999C(광속)의 속도로 운행하지만, 0.9999999C까지 속도를 올려도 아무 이상이 없음을 인증받은 지 오래입니다. 허락하신다면 고객님 건강을 스캔해 드릴까요?"

휴머노이드 안내원은 달콩 씨 체내에 상주하는 나노로봇과 양자공명을 통해 체내를 스캔한 후 말했다.

"문제없습니다. 뇌파, 맥박, 호흡, 혈압, 호르몬, 신경 반응 모든 것이 정상입니다. 즐거운 여행 되십시오."

11광년을 18일 만에 갈 수 있는 까닭은?

빛의 속도는 30km/s로 일정하다. 정지해 있는 관측자가 볼 때나 고속으로 움직이는 관측자가 볼 때나 빛의 속도는 항상 똑같다. 이상하지 않은가? 빛의 속도에 어떤 속도를 더하거나 빼도 언제나 빛의 속도라고 하니, 이는 속도 덧셈의 법칙에 맞지 않는다. 참이라고 판명된 두 개의 법칙이 서로 모순이라면, 우리의 관념 자체에 오류가 있는 것은 아닐까?

속도는 거리를 시간으로 나눈 값이다. 광속도에 어떤 속도를 더

해도 그 값이 일정하다면…, 거리나 시간이 변하는 것은 아닐까?

"그렇지!" 아인슈타인Albert Einstein, 1879~1955은 무릎을 쳤다. 빠르게 움직이는 관측자의 세계에서 시간이 느리게 간다면 모순이 해결될 거야! 사고 실험을 해보자.

등속도로 움직이는 로켓 속에서는 정지한 로켓과 마찬가지의 물리 법칙이 적용된다. 달콩 씨는 인공심장을 달고 있다. 그의 인공심장은 규칙적으로 1초에 한 번씩 뛴다. 달콩 씨는 로켓이 출발하기 전에 자신의 인공심장이 제대로 뛰고 있는지 손목에 차고 있던 시계를 보면서 확인했다.

'이상 없군. 정확히 1초에 한 번씩 뛰고 있어.'

로켓이 지구를 떠나 엄청난 속도로 우주 공간을 날아가고 있을 때 달콩 씨는 다시 한 번 자신의 인공심장이 잘 뛰고 있는지 손목시계를 보면서 확인했다.

"휴~. 이상 없군. 여전히 1초에 한 번씩 뛰고 있어. 이제야 마음

이 놓이는군. 하기는… 심장 박동 주기가 제멋대로 변한다면 우주 여행 따위는 애당초 가능하지도 않았을 거야. 내가 괜한 걱정을 했어. 하하."

달콩 씨의 심장이 1초에 한 번씩 뛸 때마다 달콩 씨가 타고 있는 로켓의 바닥에서 레이저 빛이 수직으로 발사되어 로켓의 천장까지 도달한다고 하자. 로켓의 천장 높이는 무려 30만 km나 된다고 가정한다. 레이저 빛이 바닥에서 발사되어 천장까지 도달하는 데 걸리는 시간은 1초가 될 것이다. 로켓 안에서 그 시간은 항상 일정하게 느껴진다. 즉, 로켓이 정지하고 있을 때나 엄청난 속도등속로 달릴 때나 달콩 씨에게는 똑같은 1초이기 때문에 생활의 불편을 느끼지 못하며 평상시와 다름없이 먹고 자고 생활할 수 있다.

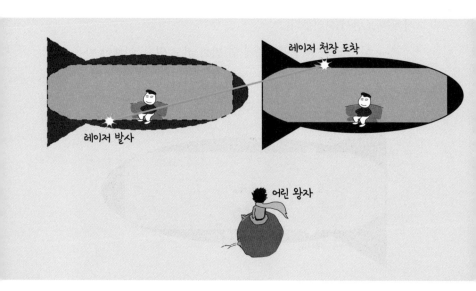

레이저 천장 도착

레이저 발사

어린 왕자

로켓 밖의 우주공간에서 혼자 놀고 있던 어린왕자가 로켓이 날아가고 있는 장면을 보았다. 로켓이 투명하기 때문에 내부의 모습이 훤히 보였다. 어린왕자가 보기에는 로켓 바닥에서 천정을 향해 발사된 레이저 빛이 비스듬히 사선 방향으로 진행하고 있었다. 어린왕자가 중얼거렸다.

"레이저 빛이 천정에 닿으려면 224초나 걸릴 거야. 달콩 씨의 심장이 224초에 한 번씩 뛰네. 슬로우비디오처럼 보여! 하하 재밌어!"

바깥 세계에서 224초라는 시간이 흐르는 동안 로켓의 내부 시간은 1초 밖에 흐르지 않는다는 사실을 어린왕자가 풀어낸 방식은 다음과 같다.

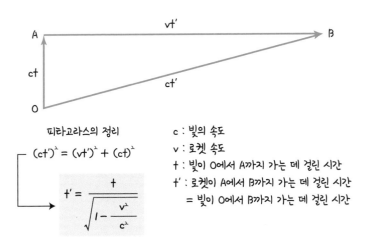

피타고라스의 정리

$$(ct')^2 = (vt')^2 + (ct)^2$$

$$t' = \frac{t}{\sqrt{1 - \frac{v^2}{c^2}}}$$

c : 빛의 속도
v : 로켓 속도
t : 빛이 O에서 A까지 가는 데 걸린 시간
t' : 로켓이 A에서 B까지 가는 데 걸린 시간
  = 빛이 O에서 B까지 가는 데 걸린 시간

그림에서 우주선이 정지해 있을 때 레이저 빛의 경로는 선분 OA이다. 선분 OA의 거리를 레이저 빛이 가는 데 걸린 시간을 t다고 하면, 거리는 [속도 × 시간]이므로 빛의 속도 C에 시간 t를 곱하면 OA = Ct가 된다.

로켓은 V라는 속도로 A에서 B로 이동하고 있다. 로켓이 이동한 시간을 t′라고 하면, 로켓이 이동한 거리 AB = Vt′가 된다.

로켓 바닥 O에서 쏘아진 레이저 빛의 이동경로는 선분 OB에 해당한다. OB를 이동하는 레이저 빛의 속도는 C이고, 그 거리를 레이저 빛이 이동한 시간은 로켓이 이동한 시간과 같은 t′이다. 따라서 레이저 빛이 이동한 거리 OB = Ct′이다.

피타고라스 삼각형 정리에 의하면 [빗변^2 = 밑변^2 + 높이^2]이다. 따라서 $[(Ct′)^2 = (Vt′)^2 + (Ct)^2]$가 성립한다. 이를 이항정리하면 다음과 같은 식이 된다.

$$t′ = \frac{t}{\sqrt{1 - \dfrac{V^2}{C^2}}} \quad \cdots\cdots (1)의\ 식$$

달콩 씨가 타고 있는 로켓이 0.99999C의 속도로 날아가고 있을 때 로켓 내부의 시간이 1초 흘렀다면, 어린왕자의 시간은 얼마나 지났을까? t=1초이고, 로켓의 속도 V는 0.99999C이므로 이를 (1)의 식에 대입하여 식을 풀면,

$$t′ = \frac{t}{\sqrt{1 - \dfrac{V^2}{C^2}}} = \frac{1초}{\sqrt{1 - \dfrac{(0.99999C)^2}{C^2}}} = 223.607초$$

로켓 내부에서 1초가 흐를 때, 바깥 세계에서는 약 224초가 흐른다. 즉, 광속의 99.999%로 운동하는 물체는 시간이 224배 지연된다고 할 수 있다.

입장을 바꿔서, 달콩 씨가 어린왕자를 보면 어떻게 보일까? 운동은 상대적이므로 달콩 씨는 자신이 정지해 있고 어린왕자와 우주가 광속의 99.999%로 움직이는 것처럼 보일 것이다. 따라서 달콩 씨가 볼 때는 어린왕자의 심장이 224초에 한 번씩 뛰는 것처럼 보일 것이다. 그렇다면 모순이 아닌가?

'쌍둥이 형이 우주여행을 하고 돌아왔더니 지구에 남아있던 쌍둥이 동생은 늙어 있었다.'라는 SF영화의 설정이 과연 옳은 것일까? 형이 볼 때는 동생의 시간이 느리게 가고, 동생이 볼 때는 형의 시간이 느리게 간다. 이 조건에 따르면 항상 자신이 상대방보다 더 늙어 있어야 한다. 이른바 쌍둥이 패러독스가 생기는 것이다.

20세기 초 쌍둥이 패러독스가 나왔을 당시 물리학자들은 그 해답을 내놓았다. 시간의 지연이 동일하더라도 로켓이 지구를 떠날 때와 돌아올 때 생기는 도플러 효과를 고려해야 패러독스를 풀어낼 수 있다는 것이다. 도플러 효과는 관측자를 향해 다가오거나 멀어지는 앰뷸런스의 사이렌 소리가 높거나 낮게 들리는 현상을 예로 들 수 있다. 사이렌은 항상 같은 진동수의 음파를 발생시키지만, 사이렌과 관측자의 거리가 좁혀지거나 멀어지는 경우에는 음높이가 다르게 들린다. 마찬가지로 로켓이 날아갈 때 시간의 지연 효과가 동일하더라도, 지구에서 멀어질 경우와 다가오는 경우의 겉보기 시간 지연 효과가 다르게 나타날 수 있다. 이를 상대론적 도플러 효과라고 하는데, 우주여행과 특수상대성이론에 관한 사이언스온 인터넷 웹페이지 (http://scienceon.hani.co.kr/150916)에 접속하면 친절하고 자세한 설명을 볼 수 있다.

갈매기는 정지하고 질량은 증가하고

$$t' = \frac{t}{\sqrt{1 - \dfrac{V^2}{C^2}}} \quad \cdots\cdots (1)의 식$$

t: 이동하는 물체의 좌표계에서 측정한 시간
t': 관찰자의 좌표계에서 측정한 시간
V: 이동하는 물체의 상대 속도
C: 광속

(1)의 식은 모든 물체가 광속에 다다를 수 없음을 표현하고 있기도 하다. (1)의 식에 V=C를 대입하면 분모가 0이 되기 때문이다. 어떤 수든 0으로는 나눌 수 없으니 수학적으로 수식의 값은 '불능'이 된다. 따라서 어떤 물체이든 질량을 가진 물체는 광속에 이를 수 없다는 결론이 내려지는 것이다. 그런데도 빛만은 유일하게 광속이 가능하다. 어째서 빛은 광속이 가능한 것일까? 그 이유는 빛 알갱이인 광자光子의 질량이 0이기 때문이다. 만약 사람에게 영혼이 있고 질량이 0이라면, 영혼은 빛의 속도로 이동할 수 있을 것이다.

영혼이 광속으로 이동할 수 있다고 가정하면, 세상은 어떻게 보일까? 갈매기가 나는 모습을 상상해보자.

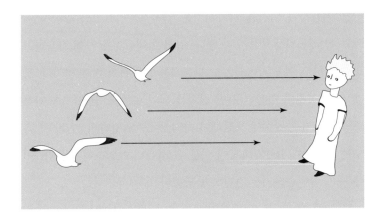

갈매기가 날개를 퍼덕이며 한가로이 해변을 날고 있다. 그 모습을 지켜보던 한 영혼이 갑자기 광속으로 후퇴하기 시작했다. 그러자 방금 전까지 동영상으로 보이던 갈매기가 허공에 딱 정지한 사진처럼 보였다. 영혼의 입장에서는 시간이 멈춰버린 것이다. 왜일까?

갈매기가 나는 모습을 필름 영화라고 생각해보자. 필름 영화는 1초에 24장의 사진을 연속으로 재생시켜서 자연스러운 움직임을 보여준다. 이때 사진 한 장 한 장은 1/24초 간격으로 빛의 속도로 전송되고 있다. 그런데 첫 번째 사진이 눈에 도착한 순간 영혼이 광속으로 후퇴한다면 1/24초 후에 보내지는 사진들은 영혼의 눈에 도착할 수가 없다. 따라서 빛의 속도로 멀어지는 영혼에게는 시간이 멈추고 세상이 정지한 것처럼 보일 것이다.

처음의 질문으로 돌아가서, 질량을 가진 물체가 광속에 이를 수 없는 까닭은 무엇일지 수식이 아닌 논리로 따져보자. 전자기장의 힘을 이용하여 입자를 가속시키는 입자가속기에서도 광속에 이르는 속도를 발생시킬 수가 없다. 입자에 에너지를 가해 가속하고 또 가속하고 계속 가속시켜도 광속에는 도달하지 않는 것이다. 로켓 추진 장치에 엄청난 폭발 장치를 달아 로켓에 힘을 계속 가해주면 언젠가는 광속에 도달해야 하지 않을까? 광속의 99.999% 속도는 가능한데 100% 속도에 이를 수 없다니 이상하지 않은가? 이에 대해 아인슈타인은 간단하게 답했다.

"물체에 에너지를 쏟아 부어도 가속이 되지 않는다면 물체의 질량이 증가하는 것입니다."

속도가 증가할수록 질량이 증가한다는 사실을 어떻게 이해해야 할까? 중학교 과정에서 배우는 뉴턴의 제2법칙 공식 F=ma_{힘=질량×가속도}를 사용해보자.

질량 m인 물체에 힘 F가 가해지면 가속도 a가 증가한다. 그렇지만 아인슈타인의 상대성 이론에 따르면 속도가 빨라질수록 가속도 a의 증가는 미미해지고 질량 m이 기하급수적으로 증가한다. 광속에 가까워질수록 가속도 a는 0의 값에 수렴하게 되므로 질량 m이 무한히 증가하게 되는 것이다. 결국 아무리 에너지를 투입해도 질량 증가를 따라갈 수가 없으므로 물체의 속도는 광속에 다다르지 못한다. 아인슈타인의 질량 증가 공식은 시간 지연 공식 (1)의 식과 형식이 같다.

$$m' = \frac{m}{\sqrt{1 - \dfrac{V^2}{C^2}}}$$

m: 이동하는 물체의 좌표계에서 측정한 질량
m′: 관찰자의 좌표계에서 측정한 질량
V: 이동하는 물체의 상대 속도
C: 광속

상대성 이론 마무리

아인슈타인의 상대성 이론은 특수 상대성 이론과 일반 상대성 이론으로 구분된다.

특수 상대성 이론은 등속도로 움직이는 물체에 관한 물리 법칙을 담고 있다. 특수 상대성 이론의 주요한 내용을 요약하면 다음과 같다.

(1) 광속 불변 : 빛의 속도는 누구에게나 일정하다.

(2) 시간 지연 : 움직이는 물체의 시간은 느리게 간다.

(3) 질량 증가 : 움직이는 물체의 질량은 증가한다.

(4) 길이 축소 : 움직이는 물체의 길이와 공간은 수축한다.

(4)의 길이 축소와 (2)의 시간 지연은 동전의 양면처럼 함께 일어나는 현상이다.

앞의 이야기에서 로켓을 탄 달콩 씨가 11광년이나 되는 별까지 18일 만에 갈 수 있다고 확인한 바 있다. 이는 외부의 사람이 볼 때 로켓 내부의 시간 지연이 일어나서 그렇게 된 것으로 해석할 수 있지만, 달콩 씨의 입장에서 보면 상황이 다르게 해석된나. 딜콩 씨의 시간으로는 18일 동안 여행하는 것이므로 로켓이 광속에 버금가는 속도가 되더라도 18광일light day 거리 이상을 갈 수가 없다. 그렇다면 18일 동안 달려서 11광년 거리를 무슨 수로 이동하겠는가? 아인슈타인의 상대성 이론은 언제나 역발상을 요구한다. "그야, 거리가 축소되면 되는 거죠. 11광년 거리가 224배 축소되어 18광일 거리로 바뀌는 거예요."

길이 축소 공식은 다음과 같다.

$$L' = L \sqrt{1 - \frac{V^2}{C^2}}$$

L: 이동하는 물체의 좌표계에서 측정한 길이
L': 관찰자의 좌표계에서 측정한 길이
V: 이동하는 물체의 상대 속도
C: 광속

아인슈타인의 상대성 이론은 변하지 않을 것이라고 믿었던 시간, 질량, 공간을 변할 수 있는 물리량으로 취급하면서 세계관을 뒤바꾸어 놓았다. 1905년 아인슈타인은 특수 상대성 논문 원고를 독일의 〈물리학 연보〉에 보내고, 3개월 후에 $E=mC^2$(m: 감소한 질량, C: 광속) 공식이 담긴 3쪽 짜리 소논문을 부록으로 보냈다고 한다. '질량-에너지 등가 법칙'이라고 불리는 그 공식은 물체의 질량이 감소하면 광속의 제곱에 비례하는 에너지가 생성된다는 내용으로 특수 상대성 이론을 응용한 원리였다.

$E=mC^2$은 역사의 흐름을 주도한 공식이다. 우라늄과 같은 방사성 원소가 핵분열[35]을 통해 전자기파를 방출하고 질량이 줄어들면 광속의 제곱에 비례하는 에너지가 생성된다는 사실로부터 원

자폭탄이 만들어졌고, 원자력 발전소도 건설되었다. 태양의 중심 부에서는 수소핵^{양성자} 네 개가 충돌하여 헬륨핵을 생성하게 되는 데, 이러한 핵융합[36] 과정에서도 질량 감소가 일어난다. 태양이라는 에너지 공장도 $E=mC^2$의 원리에 의해 돌아가고 있는 것이다.

(5) 질량-에너지 등가 법칙 : 물체의 질량이 감소하면 광속 제곱에 비례하는 에너지가 생성된다. $E=mC^2$ (m: 감소한 질량, C: 광속)

일반 상대성 이론은 속도가 변하는 가속 운동에 관한 것으로 '가속 운동을 하는 시공간은 휘어진다.'는 것이 핵심 내용이다. 중력이 작용하는 공간에서는 물체가 가속 운동을 하게 되므로 '중력을 받는 시공간은 휘어진다.'는 말도 성립한다. 아인슈타인은 태양의 중력에 의해 시공간이 휘게 되고, 휘어진 공간에서는 빛도 휘어지게 될 것으로 예측한 후 태양 중력에 의해 별빛이 휘어지는 각도까지 예측하였다. 이 사실은 달이 태양이 완전히 가리는 개기일식이 일어나던 날에 실제 측량을 통해 확인되었고, 아인슈타인은 세계적인 스타로 등극했다.

일반 상대성 이론은 '중력을 크게 받는 공간일수록 시간이 느리게 간다'는 사실을 빛의 진동수가 변하는 현상으로 설명한다. 영화 인터스텔라에서 주인공들이 중력이 큰 블랙홀 근처에 머무르

---

35 질량이 큰 원소가 분열하여 진지기파(에너지)를 방출하고 질량이 작은 원소로 바뀌는 과정.
36 질량이 작은 원소가 합쳐져서 전자기파(에너지)를 방출하고 질량이 큰 원소로 바뀌는 과정.

는 동안 수십 년이 훌쩍 지나버린 설정도 일반 상대성 이론에서 모티브를 얻은 것이다. 아인슈타인이 설명하는 중력은 질량에 의해 우물처럼 움푹 파인 공간과도 같다. 그 우물 속으로 지구가 빨려 들어가지 않는 이유는 가속원운동_{공전}을 통해 중력에 대항하는 힘_{원심력}으로 버티고 있기 때문이다.

글을 마치며

20세기는 상대성 이론의 등장과 함께 양자量子, Quantum;퀀텀 역학이 또 다른 과학의 문을 연 시대이기도 하다. 상대성 이론은 거대한 우주를 담고 있고, 양자 역학은 극소의 미시세계를 파헤치고 있다. 상대성 이론은 시간과 공간을 시공으로 통합하였고 물질과 에너지가 다르지 않음을 이해시켰고 절대적 세계관을 상대적 세계관으로 뒤바꾸어 놓았다. 양자역학에 따르면 원인과 결과는 정해져 있지 않으며, 미시세계에서 0과 1은 중첩되어 있고, 양자 얽힘의 정보 전달이 광속보다 빠르게 순간적으로 일어난다.

무無의 폭발로 우주가 탄생했다는 빅뱅 우주론, 선택에 의해 세상이 여러 개로 갈라진다는 평행 우주론, 시간은 착각에 불과하다는 블록 우주론 등은 우리에게 또 다른 질문을 던진다. 우주가 있어서 내가 있는 것인가, 내가 있어서 우주가 있는 것인가? 내가 있어서 존재하는 우주라면, 삶과 죽음은 무엇이 다른 것인가?

흥겹고 즐거운 파티와도 같은 생각들이 줄줄이 사탕처럼 쏟아질 때 우리는 평화로운 관찰자 시점으로 세상을 바라보게 된다.

찾아보기 ～～～～～～～～～～

239